Vervollkommnung der Kraftfahrzeugmotoren durch Leichtmetallkolben

Von

GABRIEL BECKER

Prof. Dr.-Ing.

Vorsteher der Versuchsanstalt für Kraftfahrzeuge
an der Technischen Hochschule zu Berlin

Mit 79 Abbildungen

MÜNCHEN UND BERLIN

VERLAG VON R. OLDENBOURG

1922

Inhalt.

Vorbemerkung.

In der vorliegenden Arbeit übergebe ich im Zusammenhang mit einem Überblick über die Fortschrittsmöglichkeiten im Kraftfahrzeugbau die Versuchsergebnisse des W e t t b e w e r b e s f ü r L e i c h t m e t a l l - k o l b e n 1921.

Dieser vom Reichsverkehrsministerium Abt. für Luft- und Kraftfahrwesen veranstaltete Wettbewerb ist dank der Initiative des Geheimen Reg.-Rates und Ministerialrates P f l u g zustande gekommen. Der V e r e i n d e u t s c h e r M o t o r f a h r z e u g - I n d u s t r i e l l e r hat den Wettbewerb durch einen Kostenbeitrag von 50 000 Mark unterstützt. Einen wesentlichen Teil der Gesamtkosten hat Verfasser übernommen. Damit konnte der Wettbewerb auf breiter Grundlage mit dem Ziele durchgeführt werden, durch planmäßige wissenschaftliche Untersuchung der Kolbenbaustoffe und der Kolben in Automobilmotoren die motortechnischen und wirtschaftlichen Vorteile und die Betriebsbrauchbarkeit der Leichtmetallkolben festzustellen und die Bedeutung der Leichtmetalle für den Motorenbau zu klären.

Die Wettbewerbsversuche und zahlreichen Ergänzungsversuche sind unter meiner Leitung in der V e r s u c h s a n s t a l t f ü r K r a f t f a h r - z e u g e a n d e r T e c h n i s c h e n H o c h s c h u l e z u B e r l i n durchgeführt worden.

Die Versuchsaufgabe war in mehrfacher Hinsicht eine ungewöhnliche. Der Kolben ist das subtilste Triebwerkselement des Leichtmotors. Mängel in der Bauart der Kolben oder unzulängliche Baustoffeigenschaften haben schwerwiegende Folgen und verändern alle Betriebswerte. Um die mannigfaltigen Wechselbeziehungen zwischen den Baustoffeigenschaften, der Formgebung, den thermischen und dynamischen Vorgängen im Motorbetrieb festzustellen, war ein auf praktischer und wissenschaftlicher Erfahrung aufgebautes Versuchsprogramm erforderlich, welches die motortechnische, thermische, chemische, physikalische und metallographische Untersuchung nach einheitlichen Gesichtspunkten zusammenfaßte. Das hat sich als äußerst nützlich erwiesen und zu wertvollsten Erkenntnissen für den technischen Fortschritt insbesondere hinsichtlich der Bedeutung der L e i c h t - m e t a l l e als Motorenbaustoff geführt.

Solche Zusammenfassung verschiedenster Teilgebiete der wissenschaftlichen Forschung ist in unserer Zeit hochentwickelter Technik eine unerläßliche Voraussetzung für fruchtbare Forschungsarbeit.

Die Technik strebt nach wirtschaftlichster Ausnutzung von Baustoff und Arbeit, sie muß auf größte Baustoffersparnis und weitestgehende Ausnutzung aller Baustoffeigenschaften durch zweckentsprechende metallurgische und thermische Behandlung der Baustoffe bedacht sein und die Maschinenelemente für größte dynamische, thermische und chemische Beanspruchungen und für maschinelle Reihenbearbeitung gestalten. Der rasche Aufschwung der Kraftfahrzeug- und Leichtmotorentechnik ist nur möglich gewesen durch die außerordentlichen Fortschritte in der Gußtechnik, in der Veredelung und Wärmebehandlung der Stahllegierungen, in der mechanischen Bearbeitung und in der Leichtmetallherstellung, durch das Zusammenwirken aller Entwicklungsstufen vom Baustoff bis zum Betriebe der Maschine. Je enger sich die wissenschaftliche Forschung diesem einheitlichen Grundzug der schaffenden Technik anschmiegt, desto ergiebiger werden ihre Arbeiten, desto größer wird ihr Nutzen für den technischen Fortschritt sein.

Der Umfang der Versuchsarbeiten war ein außerordentlich großer, weil jede einzelne Kolbenuntersuchung einer vollständigen Motorerprobung mit ihren zahlreichen Einstell- und Verdichtungsvariationen gleichkommt. An dem Kolbenwettbewerb haben sich neun deutsche Firmen[*]) beteiligt. Insgesamt sind 32 Satz zu je 4 Stück Leichtmetallkolben aus 16 verschiedenen Aluminium- und Magnesiumlegierungen, zum Vergleich 2 Satz gußeiserne Kolben und ein Kolben aus reinem Elektrolytkupfer untersucht worden.

Um die riesige Arbeit rasch zu bewältigen, mußten meine ständigen Mitarbeiter durch einen großen Stab von Hilfskräften ergänzt werden. Das gab mir die Möglichkeit, die Forschungsarbeiten zugleich dem Fachunterricht dienstbar zu machen. Eine große Zahl Studierender der Technischen Hochschule Charlottenburg hat an den Untersuchungen mitgearbeitet und dabei ohne Belastung der Unterrichtsverwaltung eine hoch-

---

[*]) Teilnehmer am Wettbewerb für Leichtmetallkolben: Chemische Fabrik Griesheim-Elektron in Frankfurt am Main; Deutsche Ölfeuerungswerke Karl Schmidt in Neckarsulm, Vertreter Hellmuth Hirth, Cannstatt; Rudolf Rautenbach, Aluminium- und Metallgießerei in Solingen; Allgemeine Elektrizitätsgesellschaft, Abt. Metallwerke Oberspree, in Berlin; Bayerische Motorenwerke A.-G. in München; Hugo Beien, Metallgießerei in Wald (Rheinland); Karl Berg A.-G. in Werdohl (Westfalen); Sächsische Aluminiumwerke, G. m. b. H. in Tharandt; Metallwerke Neheim, Göeke & Co. in Neheim (Ruhr).

wertige fachtechnische Ausbildung erlangt. Diese Maßnahme hat sich sehr bewährt.

Die rasche Durchführung und Bewältigung der riesigen Versuchsarbeit ist der aufopfernden Mitarbeit des gesamten Personals der Versuchsanstalt für Kraftfahrzeuge zu verdanken. Mit größter Bereitwilligkeit ist monatelang von den frühesten Morgenstunden bis spät in die Nächte hinein gearbeitet worden.

Ich danke ganz besonders für ihre mühevolle Mitarbeit an den Versuchen den Herren

Dr.-Ing. O. E n o c h und Dipl.-Ing. W. S c h ü l e r,
Dipl.-Ing. E. B ü c k i n g und Dipl.-Ing. H. C r a m,
Ing. P. H e l f und Ing. H. G a d e b u s c h,
ferner der Sekretärin H. F r e n z e l.

Bei den physikalischen und chemischen Untersuchungen bin ich vom P h y s i k a l i s c h e n I n s t i t u t und A n o r g. c h e m i s c h e n I n - s t i t u t der Technischen Hochschule Charlottenburg, bei den metallographischen Untersuchungen vom Staatl. M a t e r i a l p r ü f u n g s a m t i n G r o ß - L i c h t e r f e l d e unterstützt worden.

Den Firmen D a i m l e r Motorengesellschaft in Berlin-Marienfelde und P r o t o s Automobile G. m. b. H. in Berlin danke ich für die Bereitstellung der zu den Kolbenuntersuchungen benötigten Motoren.

Auf der diesjährigen Herbsttagung der A u t o m o b i l - und F l u g - t e c h n i s c h e n G e s e l l s c h a f t Berlin habe ich in einem Vortrage mit Diskussion die im II. Teil enthaltenen Ergebnisse des Kolbenwettbewerbes auszugsweise den Fachkreisen mitgeteilt.

Die große volkswirtschaftliche Bedeutung der Verwendung von Leichtmetallkolben in Motoren ist bereits von Herrn Geheimrat P f l u g in der Tagespresse gekennzeichnet worden.

Charlottenburg, im Dezember 1921.

Gabriel Becker.

I.

Fortschrittsmöglichkeiten im Kraftfahrzeugbau.

Die Kraftfahrzeuge sind im letzten Jahrzehnt nur f a b r i k a t i o n s -technisch vervollkommnet worden, aber b e t r i e b s technisch auf einer Entwicklungsstufe stehen geblieben. Weder die Verkehrsleistungen der Fahrzeuge und Motoren, noch ihre Wirtschaftlichkeit sind nennenswert gesteigert worden. Diese Konzentration auf die Verbesserung der Herstellungsmethoden wurde durch die Wirtschaftslage vor dem europäischen Kriege veranlaßt und führte insbesondere in Amerika zur Massenerzeugung billiger Kraftfahrzeuge. Der große Bedarf an Kraftfahrzeugen im Kriege begünstigte die Massenherstellung in hohem Maße und setzte starres Festhalten an einer Bauart voraus. Da Änderungen selbst geringfügiger Art die Massenherstellung empfindlich stören, zwingt der Übergang zur Massenherstellung notgedrungen zum Stillstand der betriebstechnischen Entwicklung der Kraftfahrzeuge.

Die völlig veränderte Wirtschaftslage nach dem Kriege hat eine Absatzstockung der als Massenware erzeugten Kraftfahrzeuge hervorgerufen. Die hohen Betriebsstoffkosten zwingen zum Bau wirtschaftlicher Fahrzeuge und im innigen Zusammenhange hiermit stehen die Bestrebungen, das Kraftfahrzeug b e t r i e b s t e c h n i s c h auf eine höhere Entwicklungsstufe zu bringen. So ist plötzlich an Stelle höchster Massenerzeugung die betriebstechnische Vervollkommnung der Kraftfahrzeuge in den Vordergrund gestellt. Die großen Anstrengungen der Kraftfahrzeugindustrie, bedeutenden betriebstechnischen Fortschritt zu erreichen, sind äußerlich an der großen Zahl neuer und in der Entwicklung befindlicher Fahrzeugtypen erkennbar.

Die betriebstechnische Vervollkommnung der Kraftfahrzeuge läuft auf g e s t e i g e r t e V e r k e h r s l e i s t u n g e n und h ö h e r e W i r t -s c h a f t l i c h k e i t des Kraftfahrzeugbetriebes hinaus. Die Verkehrsleistungen kommen in der hohen Fahrgeschwindigkeit und in großem Steigungsvermögen, die Wirtschaftlichkeit im geringen Betriebsstoff- und Reifenverbrauch zum Ausdruck.

Verminderung des Luftwiderstandes.

Durch die auf ebener Straße erreichbare Höchstgeschwindigkeit kann die Verkehrsleistung eines Fahrzeuges nicht eindeutig gewertet werden. Um dies zu begründen und zugleich die führende Richtung in der betriebstechnischen Vervollkommnung der Kraftfahrzeuge zu kennzeichnen, betrachte man die Fahrwiderstände Bild 1, die Leistungsreserve Bild 4 und das Steigungsdiagramm Bild 5 eines als Beispiel gewählten 40-PS-Personenwagens, welcher drei Vorwärts-Schaltgänge und ein betriebsfertiges Eigengewicht von 1400 kg besitzt. Diese Werte sind auf dem Wagenprüfstande der Versuchsanstalt für Kraftfahrzeuge an der Technischen Hochschule Charlottenburg in früheren Untersuchungen vom Verfasser ermittelt worden.

Bild 1.
Energiediagramm eines 40 - PS - Personenwagens
beim III. (direkten) Schaltgang.

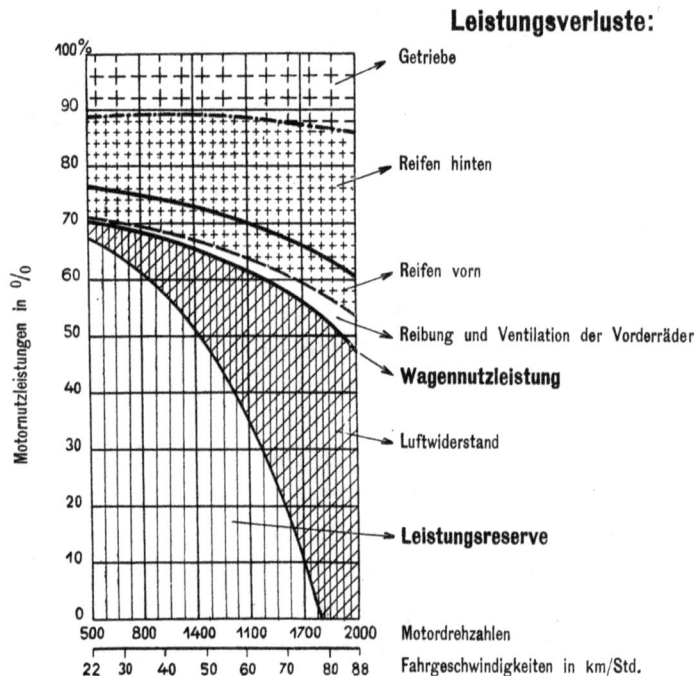

Wie Bild 1 zeigt, verbrauchen alle Widerstände des Wagens (Triebwerk, Räder, Reifen), jedoch ohne Luftwiderstand, bei 25 km/Std Fahrgeschwindigkeit 30 % und bei 85 km/Std 50 % der Motornutzleistung, so daß also 70—50 % der gesamten Motorleistung als

Leistungsreserve zur Überwindung des Luftwiderstandes und für Steigungen und Beschleunigung verfügbar sind. Der Luftwiderstand verbraucht bei 25 km Std Fahrgeschwindigkeit nur 5 %, bei 50 km/Std bereits 25 % und bei 80 km/Std sogar 100 %, d. i. die ganze Leistungsreserve, bei der Höchstgeschwindigkeit also genau so viel, wie alle übrigen Wagenwiderstände zusammengenommen.

Hier setzen die Fortschrittsbestrebungen wirksam ein und suchen den L u f t w i d e r s t a n d der Fahrzeuge durch günstige Formgebung und widerstandsfreie Anordnung des ganzen Wagenbeiwerks zu v e r - k l e i n e r n. Wie Bild 1 sinnfällig in der Zunahme des Luftwiderstandes (eng schraffierte Fläche) zeigt, kommt dieser Fortschritt nur bei Fahrgeschwindigkeiten über 50 km Std zur Geltung. In diesem höheren Geschwindigkeitsbereich ist aber sein Einfluß bedeutend und für die Verkehrsleistung des Fahrzeuges entscheidend. Normale Personenwagen in rennmäßiger Aufmachung, also mit Aufbauten kleinsten Luftwiderstandes, erzielen deshalb außerordentlich hohe Fahrgeschwindigkeiten.

Verminderung des Wagengewichtes und Erhöhung der Leistungsreserve.

Neben der Vervollkommnung durch Verkleinerung des Luftwiderstandes laufen die Bestrebungen auf eine wesentliche Verbesserung der Verkehrsleistungen im ganzen Fahrbereich hinaus. Sobald ein Fahrzeug Steigungen befährt, muß es seine Leistungsreserve für die Hubarbeit des Wagengewichtes und der Nutzlast hergeben. Ist die Leistungsreserve des Wagens klein, so wird auch die befahrbare Steigung klein unter gleichzeitigem sehr starken Abfall der Fahrgeschwindigkeit. Die befahrbare Steigung nimmt proportional mit der Leistungsreserve des Wagens zu und proportional mit dem Wagengewicht ab.

Die Verkehrsleistungen eines Fahrzeuges können daher wesentlich verbessert werden, wenn man das W a g e n g e w i c h t v e r m i n d e r t und die L e i s t u n g s r e s e r v e d e s W a g e n s s t e i g e r t. Die Verminderung des Wagengewichtes wird auch gegenwärtig noch zu sehr vernachlässigt, obwohl sein Einfluß auf die Verkehrsleistungen und den Reifenverbrauch sehr erheblich ist. Im Fahrgestell und Beiwerk lassen sich noch wesentliche Gewichtsersparnisse erzielen, aber auch der Karosseriebau muß auf weitestgehende Gewichtsersparnis bedacht sein.

Bild 2 gibt eine Übersicht über die Totlasten (Eigengewichte), welche bei unseren heutigen Verkehrsmitteln auf jede beförderte Person entfallen. Bei der Eisenbahn steht das Verhältnis von Nutzlast zur Totlast in einem ungeheuerlichen Mißverhältnis. Luxuszüge befördern 60 mal, Schnellzüge 15 mal so viel Totgewicht als Nutzgewicht. Bei Kraftwagen

Luxuszug 5000 kg ←

Bild 2.
Eigengewichte
der Verkehrsmittel pro beförderte Person.

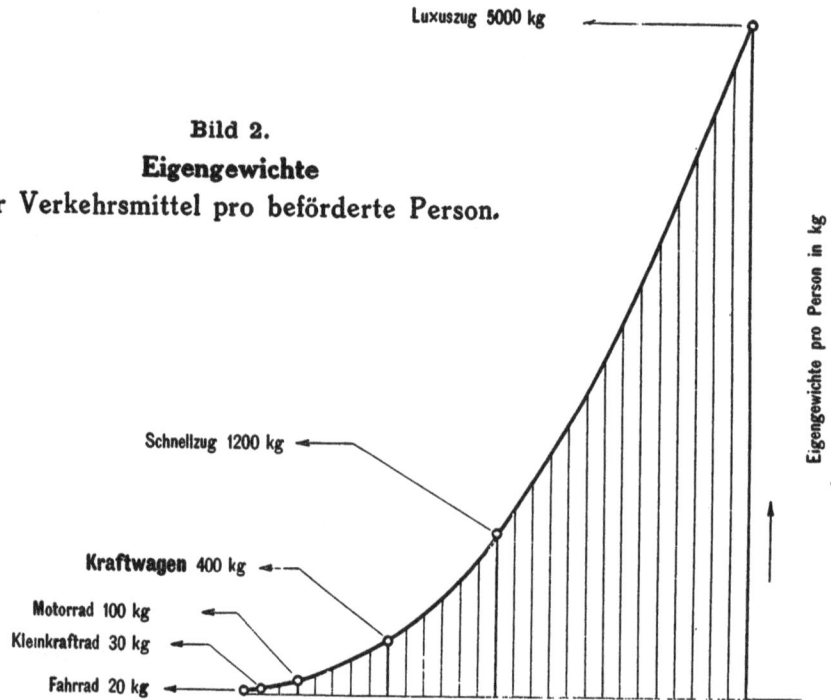

Eigengewichte pro Person in kg

Schnellzug 1200 kg ←

Kraftwagen 400 kg ←

Motorrad 100 kg ←
Kleinkraftrad 30 kg ←

Fahrrad 20 kg ←

Luxuszug 37 PS ←

Bild 3.
Energieaufwand für das Fahrzeug-Eigengewicht
pro beförderte Person
in Steigungen 1:15 bei 30 km/Std. Fahrgeschw.

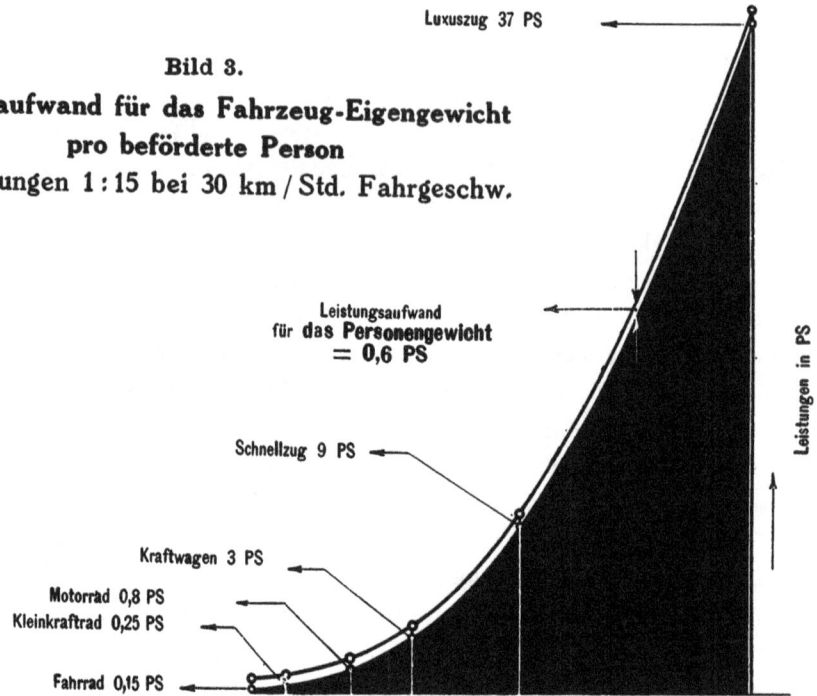

Leistungsaufwand
für **das Personengewicht**
= 0,6 PS

Leistungen in PS

Schnellzug 9 PS ←

Kraftwagen 3 PS ←

Motorrad 0,8 PS ←
Kleinkraftrad 0,25 PS ←

Fahrrad 0,15 PS ←

— 11 —

ist das Eigengewicht wesentlich geringer, aber noch immer 5 mal so groß wie die Nutzlast. Erst bei den Motorrädern halten sich Nutz- und Eigengewicht annähernd die Wage und beim Kleinkraftrad wird bereits mehr als doppelt so viel Nutzgewicht wie Totgewicht befördert. Hierauf beruhen die außerordentlich großen Verkehrsleistungen und der hohe Verkehrswert technisch hochwertig durchgebildeter Kleinkcrafträder. Ähnlich große Unterschiede bestehen im Energieaufwand pro beförderte Person. Bild 3 gibt hierüber einen Überblick. Um eine Steigung von 1:15 mit 30 km stündlicher Fahrgeschwindigkeit befahren zu können sind an Hubenergie für die beförderte Person n u r 0,6 PS erforderlich. Demgegenüber erfordert das auf die beförderte Person entfallende Totgewicht eine Hubarbeit von 37 PS beim Luxuszug, 9 PS beim Schnellzug, 3 PS beim Kraftwagen, 0,8 PS beim Motorrad und 0,25 PS beim Kleinkraftrad. Die Kraftwagen verbrauchen also bei Fahrt in Steigungen auf die beförderte Person nur $1/_8$ soviel Hubenergie wie die Schnellzüge, aber noch reichlich 3mal soviel wie die Motorräder. Die großen Totlasten haben nicht nur eine ungeheure Energievergeudung, sondern auch schlechte Verkehrsleistungen zur Folge.

Bild 4.
Leistungsreserve
eines 40-PS- und eines 28-PS-Kraftwagens von je 1400 kg Eigengewicht.

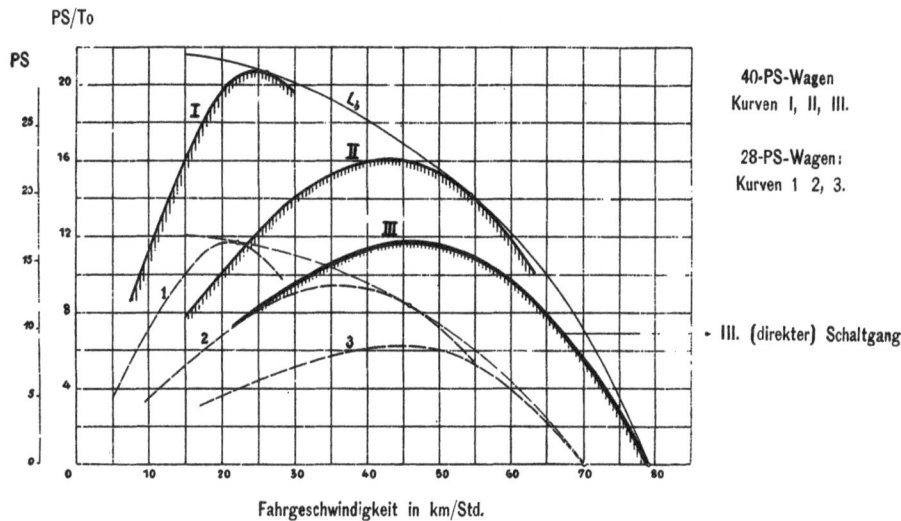

Wie schwer das Wagengewicht die Fahrleistungen herabdrückt, zeigt der praktische Fahrbetrieb sinnfällig im Befahren von Steigungen mit schweren Fahrzeugen. Bei dem als Beispiel gewählten 40 - PS - Personenwagen wird die Leistungsreserve (Bild 4, Kurve III) bei der höchsten Fahrgeschwindigkeit von 80 km/Std vom Luftwiderstand ganz aufgezehrt, so daß hier für Fahrt in Steigungen kein Leistungsüberschuß vorhanden, also mit dieser Fahrgeschwindigkeit keine Steigung befahrbar ist. Mit abnehmender Fahrgeschwindigkeit nimmt die Leistungsreserve bis auf den Höchstbetrag von 16 PS oder 12 PS/Tonne Wagengewicht zu. Im niedrigeren Geschwindigkeitsbereich unter 45 km/Std Fahrgeschwindigkeit nimmt die Leistungsreserve wieder ab.

Bild 5.
Befahrbare Steigungen
des 40-PS-Personenwagens mit dem I., II., III. (direkten) Schaltgang.

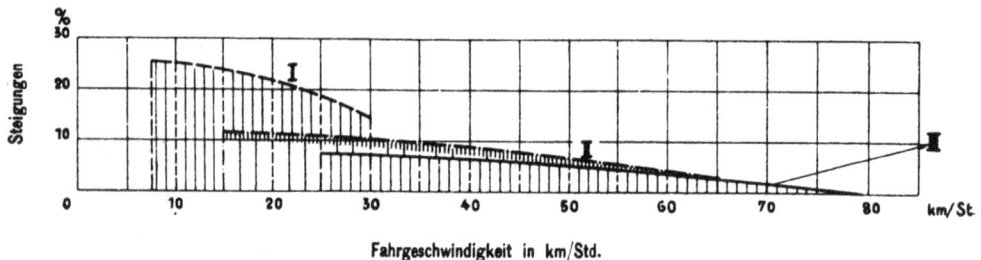

Fahrgeschwindigkeit in km/Std.

Das Steigungsvermögen des Kraftfahrzeuges mit dieser Leistungsreserve ist, wie aus Bild 5, Kurve III ersichtlich, sehr gering. Um eine Steigung von nur 5 % befahren zu können, geht die Fahrgeschwindigkeit von 80 auf 50 km/Std zurück, und Steigungen über 8 % sind überhaupt nicht mehr befahrbar. Diese von der ungünstigen Leistungs-Drehzahlcharakteristik des Motors herrührende geringe Überschußleistung des Fahrzeuges wird nun durch die Anwendung wechselnder Triebwerksübersetzung zwischen Motor und Triebrädern von Stufe zu Stufe gesteigert. Der zweite Schaltgang gibt eine Überschußleistung von 22 PS und der I. Schaltgang eine solche von 30 PS. Denkt man sich an Stelle der drei vorhandenen eine unendliche Zahl von Schaltstufen, so ergibt sich eine Überschußleistung, welche in der Hüllkurve L_h in Bild 4 dargestellt ist und welche stetig und mit abnehmender Fahrgeschwindigkeit stark ansteigt. Mit dieser Leistungsreserve sind Steigungen bis 27 % befahrbar.

Die Bestrebungen laufen nun darauf hinaus, die Leistungsreserve des Wagens derart zu steigern, daß mit dem direkten Schaltgang ein möglichst großer Steigungsbereich beherrscht und daß dementsprechend die Zahl der Schaltgänge vermindert werden kann. Im vorliegenden Falle sind mit dem II. Schaltgang (Kurve II in Bild 4 und 5) infolge der Leistungsreserve von 22 PS Steigungen bis 11 % befahrbar. Will man das gleiche Steigungsvermögen bei dem III. (direkten) Schaltgang erreichen, so muß die Motorleistung um

$\frac{22}{16}$ = 37 % gesteigert werden. Das Kraftfahrzeug hat dann bei direktem Eingriff, also ohne Getriebeuntersetzung, bis 40 km/Std Fahrgeschwindigkeit das gleiche Steigungsvermögen wie bisher beim II. Schaltgang, und im Geschwindigkeitsbereich über 40 km/Std infolge der mit der Motordrehzahl noch steigenden Motorleistung wesentlich höheres Steigungsvermögen und zugleich eine wesentlich höhere Höchstgeschwindigkeit. Die Verkehrsleistung ist damit im ganzen Fahrbereich bedeutend gesteigert. Dieser Fortschritt beruht also auf der Leistungssteigerung des Motors unter möglichster Verminderung des Wagengewichtes. Das letztere ist wesentlich, denn der Vorteil der Leistungssteigerung wird durch eine verhältnisgleiche Zunahme des Wagengewichtes aufgehoben.

Bild 4 bringt die Bedeutung höherer Leistungsreserve zum Ausdruck. Die gestrichelten Kurven 1, 2 und 3 des Bildes stellen die Leistungsreserven bei 3 Schaltgängen eines 28-PS-Personenwagens dar, welcher das gleiche Gewicht = 1400 kg des 40-PS-Wagens hat, für welchen die Kurven I, II und III gelten. Man ersieht aus diesen Kurven, daß die Leistungsreserve des III. (direkten) Schaltganges des 40-PS-Wagens gegenüber derjenigen des 2. Schaltganges des 28-PS-Wagens im unteren Geschwindigkeitsbereich gleichwertig, im oberen Geschwindigkeitsbereich bedeutend verbessert ist.

Die Leistungssteigerung des Motors zur Erzielung größerer Leistungsreserve des Fahrzeuges ist auf drei verschiedenen Wegen möglich, welche nachstehend kurz gekennzeichnet werden sollen.

1. Verwendung größerer und stärkerer Motoren.

Motoren mit großen Zylinderabmessungen lassen wegen der hohen Triebwerkskräfte im Motor keine hohen Drehzahlen zu. Je niedriger aber die Betriebsdrehzahlen des Motors sind, desto größer werden bei gleicher Motorleistung die Drehmomente und desto stärker muß das Wagentriebwerk bemessen werden. Damit wächst aber das Wagengewicht und hebt einen großen Teil des Leistungsvorteiles wieder auf.

Außerdem nimmt die Ungleichförmigkeit des Drehmomentes mit abnehmender Drehzahl quadratisch zu, so daß bei niedrigen Drehzahlen die Beanspruchungen des Wagentriebwerks außerordentlich hoch werden. Bei dem als Beispiel gewählten 40-PS-Personenwagen wächst der Ungleichförmigkeitsgrad des Motordrehmomentes auf $1,42^2$ oder 210 %, also um mehr als das Doppelte, wenn der Geschwindigkeitsbereich des II. Schaltganges mit dem direkten (III.) Schaltgang gefahren wird, und im Bereiche des I. Schaltganges erreicht der Ungleichförmigkeitsgrad bei Fahrt mit direktem Schaltgang sogar den z e h n f a c h e n Wert.

Wie aus dem praktischen Fahrbetrieb bekannt ist, entstehen dadurch ganz unzulässig hohe Beanspruchungen im Betrieb, welche nicht selten zu Brüchen führen. Die Möglichkeit des Drehmomentausgleiches durch Schwungmassen ist sehr begrenzt. Größere Schwungraddurchmesser lassen sich wegen des gegebenen Bodenabstandes nicht anwenden und mit großen Schwungmassen wird der Geschwindigkeitswechsel sehr träge und schwerfällig, der Wagen verliert eine sehr wertvolle Fahreigenschaft: die „E l a s t i z i t ä t". Abhilfe ist deshalb nur möglich durch die Verwendung v i e l z y l i n d r i g e r Motoren und in diesem Zusammenhang erhält der sechs-, acht- und sogar zwölfzylindrige Motor seine Berechtigung, sofern man die Preisfrage dabei außer acht läßt. Der Vierzylindermotor scheidet aber für diese Wagenbauart ganz aus, selbst der Sechszylindermotor erzeugt im unteren Geschwindigkeitsbereich so hohe Beanspruchungen, daß neben dem direkten Gang noch zwei Schaltstufen erforderlich sind. Je weiter man in der Verminderung der Schaltstufen geht, desto g r ö ß e r muß außer der Motorleistung die Z y l i n d e r z a h l des Motors gewählt werden.

2. Erhöhung der Motorleistung durch Füllungssteigerung.

Die vom Verfasser an zahlreichen Leichtmotoren gemessenen volumetrischen Wirkungsgrade sind im Bild 6 zusammengestellt. Hiernach erreichen die Flugmotoren und die Personenwagenmotoren 75 bis 80 % Füllung. Die Verluste an Zylinderfüllung bei hochwertiger Durchbildung der Steuerung, der Saugrohre und Vergaser betragen also 20 bis 25 %. Die Füllungsverluste nehmen mit wachsender Drehzahl nur wenig zu, wenn die Steuerungs- und Saugquerschnitte ausreichend groß bemessen werden und wenn der Schluß des Einlaßventiles genügend weit hinter den äußeren Totpunkt gelegt wird. Zu kleine Vergaserquerschnitte und hohe Strömungswiderstände im Vergaser verursachen Füllungsverluste bis zu 8 %, wie aus Bild 6 ersichtlich ist. Der durch weite Schraffur hervorgehobene Verlust ist bei der Untersuchung von 28 Vergasern festgestellt worden.

Mit den Füllungen von 80 % wird ein thermodynamisch günstiges Expansionsverhältnis erreicht, so daß in rein thermodynamischer Hinsicht eine weitere Füllungssteigerung nur im Zusammenhang mit einer Verdichtungssteigerung vorteilhaft ist. Dies ist aber nicht ausschlaggebend. Das Verhältnis von Oberfläche des Verbrennungsraumes zu seinem Rauminhalt bleibt für alle Füllungen konstant. Deshalb ist die für den Wärmeverlust durch Kühlung maßgebende Wandungsfläche des

Bild 6.

Volumetrische Wirkungsgrade der Leichtmotoren.

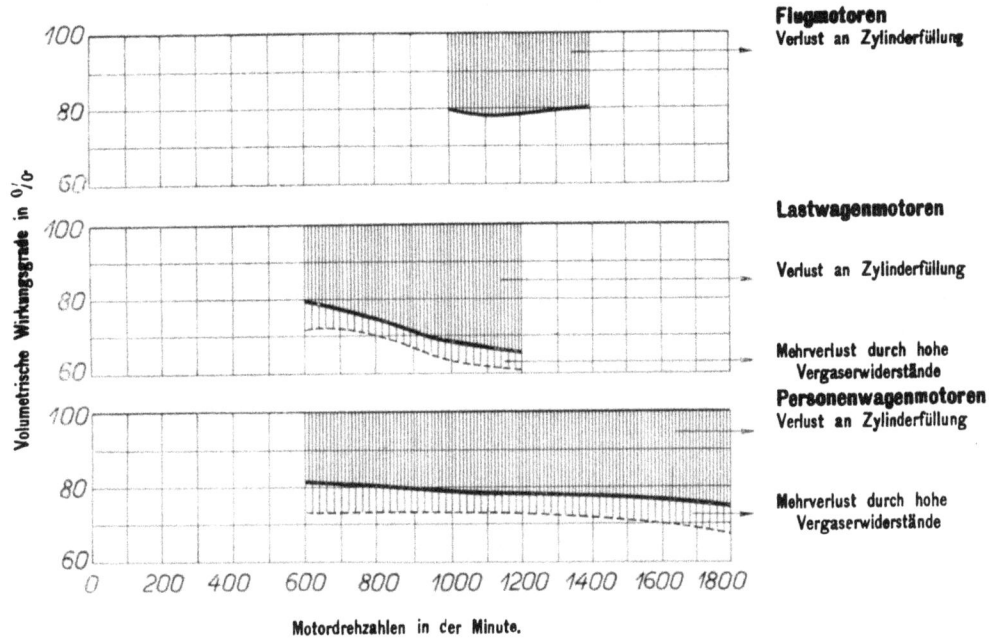

Flugmotoren
Verlust an Zylinderfüllung

Lastwagenmotoren

Verlust an Zylinderfüllung

Mehrverlust durch hohe
Vergaserwiderstände

Personenwagenmotoren
Verlust an Zylinderfüllung

Mehrverlust durch hohe
Vergaserwiderstände

Motordrehzahlen in der Minute.

Bild 7.

Motorleistungen bei verschiedenen Füllungen.

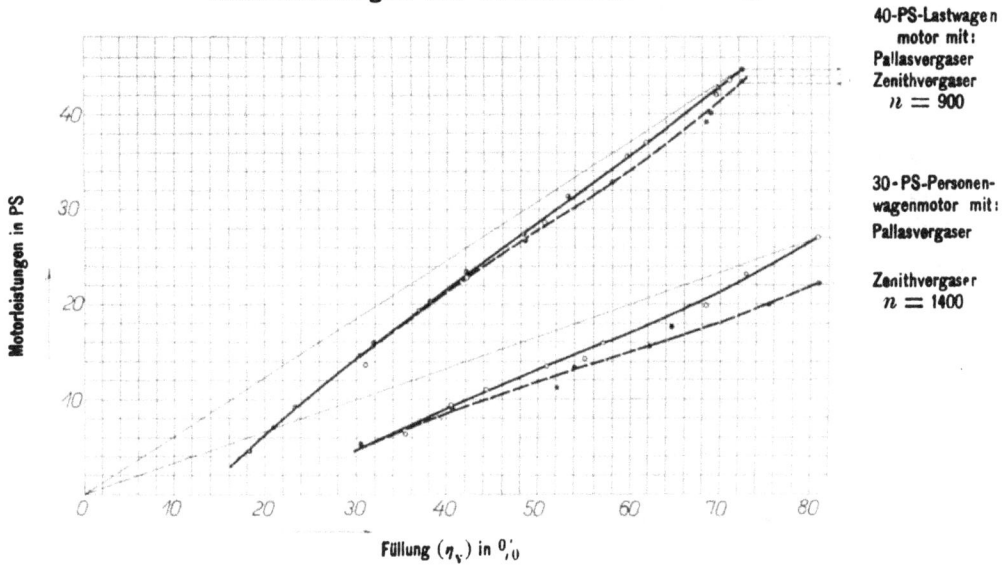

40-PS-Lastwagen
motor mit:
Pallasvergaser
Zenithvergaser
$n = 900$

30-PS-Personen-
wagenmotor mit:
Pallasvergaser

Zenithvergaser
$n = 1400$

Füllung (η_v) in %

Verbrennungsraumes im Verhältnis zum Ladegewicht bei kleinen Füllungen
groß und bei wachsenden Füllungen entsprechend kleiner. Im letzteren
Falle sinken die Wärmeverluste durch Kühlung, und die in mechanische
Arbeit umsetzbare Wärmemenge der Ladung steigt. Dieser Vorteil höherer
Füllung ist so groß, daß er die Nachteile des schlechter werdenden Ex-
pansionsverhältnisses bis zu einer noch nicht erreichten oberen Füllungsgrenze
übertrifft.

Bild 7 zeigt die bei einem 45-PS-Lastwagenmotor bei 900 Umdr.
konstant und bei einem 30-PS-Personenwagenmotor bei 1400 Umdr konstant
gemessenen Leistungen bei veränderlichen Füllungen und zwar für einen
Pallas- und einen Zenithvergaser. Die Motorleistungen steigen mit zu-
nehmender Füllung sehr stark und auch im oberen Füllungsbereich mehr
als proportional, da die aus dem Nullpunkt gezogenen Strahlen flacher als
die Enden der Leistungskurven verlaufen. Nach diesen Versuchen ergibt
sich übereinstimmend für Personen- und Lastwagenmotor im oberen
Füllungsbereich zwischen 70 bis 80 % Füllung als Beziehung zwischen
prozentualer Leistungssteigerung ΔL und prozentualer Füllungssteigerung $\Delta\eta_v$

$$\Delta L = 1,8 \; \Delta\eta_v$$

Das heißt: Mit 10 %iger Füllungssteigerung wird eine Mehrleistung von
18 % erzielt. Höhere Füllungen als die bisher gebräuchlichen ergeben
daher eine bedeutende Leistungsteigerung und höhere Leistungsreserve des
Wagens bei unveränderten Zylinderabmessungen des Motors. Die Füllungssteigerung erfordert einen besonderen Verdichter, welcher die vom Motor
angesaugte Luft vorverdichtet. Das Motor- und Wagentriebwerk muß
verstärkt werden, damit es die höheren Beanspruchungen verträgt.

Die höheren Verkehrsleistungen durch Füllungssteigerung der Motoren werden aber mit erheblichen Nachteilen erkauft.

Je höher die Höchstfüllung des Motors ist, desto niedriger muß die
Verdichtung des Motors bemessen werden. Für die gebräuchlichsten
Motorbelastungen ist deshalb die Verdichtung zu niedrig, der Betrieb wird
unwirtschaftlich. Der Übelstand verstärkt sich in dem Maße, in welchem
die Füllungsgrenzen von Leerlauf bis Vollast vergrößert werden.

Vermindert man die Schaltgangzahl zur Auswirkung der in
der erhöhten Leistungsreserve des Wagens steckenden Vorteile,
ohne daß die Motordrehzahl erhöht wird, so treten die gleichen Mängel
hinsichtlich wachsender Ungleichförmigkeit des Antriebsmomentes auf,
welche im vorhergehenden Abschnitt für den stärkeren Motor gekennzeichnet sind. Bei dem vorverdichtenden Motor kann dieser Mangel durch
höhere Zylinderzahl des Motors bzw Steigerung der Motordrehzahl beseitigt werden.

3. Leistungssteigerung durch thermodynamische und bauliche Vervollkommnung der Motorbauarten.

Das Ziel ist die Erzeugung höchster Motorleistung in kleinstem Hubvolumen (d. i. hoher „Literleistung") unter gleichzeitiger Verbesserung der Wirtschaftlichkeit.

Um die hierfür bestehenden Fortschrittmöglichkeiten zu kennzeichnen, muß auf das Arbeitsverfahren und die baulichen Eigenschaften der Motoren eingegangen werden.

Der Brennstoffverbrauch der Leichtmotoren für eine Nutzpferdekraftstunde schwankt je nach der Bauart und den Betriebsbedingungen von 500 Gramm bis herab auf 200 Gramm. Das entspricht einem Wärmeverbrauch von 5000 bis 2000 Wärmeeinheiten für die Nutzpferdekraftstunde und einem wirtschaftlichen Wirkungsgrad $\left(= \dfrac{\text{Geleistete Nutzarbeit}}{\text{Verbrauchte Brennstoffenergie}} \right)$ von 13 bis 32 %.

Die Fahrzeugmotoren verbrauchen durchschnittlich 300 bis 350 Gramm/PS-Std, arbeiten also mit einem wirtschaftlichen Wirkungsgrad von 20 % im Mittel, entsprechend einem thermischen Wirkungsgrad von 22 %. Dabei ist die Literleistung $L_{sp} = 0,006 \cdot n_b$ bis $0,007\, n_b$ (n_b = Betriebsdrehzahl des Motors), beispielsweise ist $L_{sp} = 10,8$ bis 12,6 PS/Liter Hubvolumen bei einem Personenwagenmotor mit einer Betriebsdrehzahl von 1800 Umdr/Minute.

Die Flugmotoren haben höhere Wirtschaftlichkeit und Literleistung und erreichen $\eta_w = 32\,\%$ und $L_{sp} = 0,009\, n_b$. Bei diesen hat sich im Zusammenhang mit der Gewichtsfrage der Zwang zu höchster Ausnutzung der Brennstoffenergie und des Zylindervolumens geltend gemacht.

Wirtschaftliche Brennstoffausnutzung und hohe Literleistung setzen vollkommene Verbrennung, hohes Druck- und Temperaturgefälle und geringste Wärmeverluste voraus. Wieweit sich diese thermochemischen und thermodynamischen Voraussetzungen im Motor verwirklichen und ausnutzen lassen, hängt von der baulichen Vervollkommnung der Motoren entscheidend ab.

Verdichtung.

Wie Bild 8 zeigt, ist die Bauart der Leichtmotoren thermodynamisch noch sehr entwicklungsfähig. Das Arbeitsverfahren der Motoren läßt im Bereich 5- bis 8-facher Verdichtung thermische Wirkungsgrade von 43 bis 52 % zu. Die Fahrzeugmotoren erreichen gegenwärtig einen durchschnittlichen thermischen Wirkungsgrad von nur 22 % und höchstens 33 % infolge unvollkommener Verbrennung, unzureichenden Druck- und

Temperaturgefälles (Verdichtungsgrades) und hoher Wärmeverluste. Für die thermodynamische Verbesserungsmöglichkeit ist daher ein sehr weiter Spielraum vorhanden (Bild 8). Der große Abstand zwischen den t a t - s ä c h l i c h e n und m ö g l i c h e n thermischen Wirkungsgraden weist bereits darauf hin, daß nicht das Arbeitsverfahren, sondern die Bauart der Motoren sehr verbesserungsbedürftig ist.

Bild 8.

Thermische Wirkungsgrade bei verschiedenen Verdichtungen.

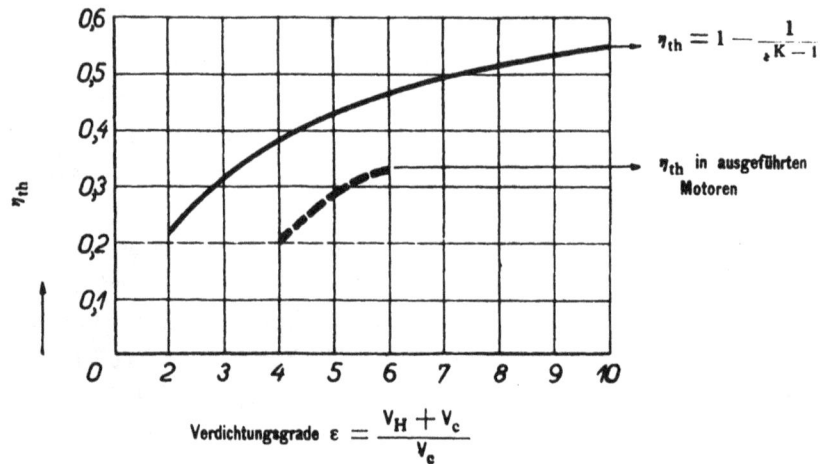

Der zulässige höchste Verdichtungsgrad ist entweder durch die S e l b s t z ü n d u n g s t e m p e r a t u r d e r L a d u n g oder durch die Ü b e r h i t z u n g s t e m p e r a t u r d e s M o t o r s bzw. einzelner Motorteile gegeben. Die Selbstzündungstemperatur der Ladung ist für bestimmte Brennstoffe und Mischungsverhältnisse unveränderlich, hingegen ist die Überhitzungstemperatur des Motors abhängig von der baulichen Gestaltung und von den physikalisch-thermischen Eigenschaften der verwendeten Baustoffe. Die Überhitzung des Motors tritt daher um so später ein, je hochwertiger der Motor in baulicher Hinsicht durchgebildet ist. Aus diesem Grunde interessiert in erster Linie die Selbstzündungstemperatur der Ladung. Nach den Versuchen von Holm haben die für Leichtmotoren in Frage kommenden Brennstoffe in atm. Luft folgende Entzündungstemperaturen:

Benzin 415—460°, Benzol 520°, Petroleum 380° C.

Die Verdichtungstemperaturen müssen unter diesen Entzündungstemperaturen bleiben. Mit Rücksicht auf Petroleum sind 350° C. als zulässige höchste Temperatur der Ladung am Ende der Verdichtung anzusehen.

Bild 9.

Einfluß des Verdichtungsgrades auf die Ladungstemperaturen.

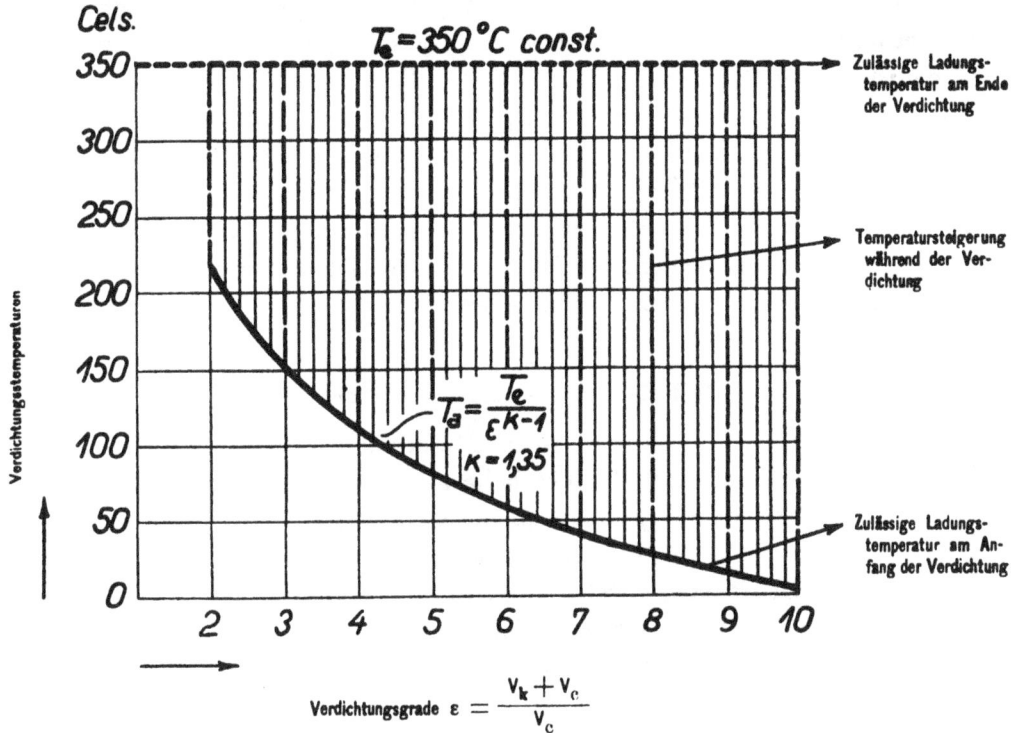

Nach der polytropischen Zustandsänderung p. $v^{1,35} =$ const. ergeben sich für 350° C. Verdichtungsendtemperaturen (Te) bei den verschiedenen Verdichtungsgraden die in Bild 9 dargestellten Ladungstemperaturen (Ta) bei Beginn der Verdichtung. Für eine Ladungstemperatur Ta = 100° C. ist nur 4fache Verdichtung zulässig. Senkt man dagegen die Ladungstemperatur Ta auf 25° C., so kann a c h t f a c h, bei Ta = 2° C. sogar 10fach verdichtet werden. Für 8fache Verdichtung weist das Arbeitsverfahren einen thermischen Wirkungsgrad von 50 % (Bild 8), also sehr große wirtschaftliche und dynamische Verbesserungsmöglichkeiten auf. Will man diese ausnutzen, dann muß das B r e n n s t o f f l u f t g e m i s c h s o k a l t w i e m ö g l i c h i n d i e M a s c h i n e einströmen, um höchste Verdichtungsgrade ohne Gefahr der Selbstentzündung anwenden zu können. Innerhalb der aus Brennstoffluftgemisch und Restgasen bestehenden Ladung muß aber auch eine g l e i c h m ä ß i g e niedrige Temperatur vorhanden sein, weil örtliche Übertemperaturen in der Ladung mit höherer Ladungstemperatur gleichbedeutend sind und Frühzündungen auslösen. Um dies zu verhüten, sind die Restgase mit dem in den Zylinder einströmenden Brennstoffluftgemisch gleichmäßig zu vermischen. Zylinderform und Steuerungsanordnung müssen darauf zugeschnitten werden.

In den vom Verfasser geleiteten Erprobungen des Benzolvergaser-Wettbewerbes 1914 ergaben die besten Vergaser eine Gemischtemperatur in der Einlaßventilkammer von nur 5—9° C. Hierbei betrug die Lufttemperatur vor dem Vergaser 20—35° C. Der durch die Verdunstungswärme des Brennstoffes entstehende Temperaturabfall der Luft muß möglichst wirksam zur Abkühlung der Ladung herangezogen werden. Die Anwendung hoher Lufttemperaturen zur Durchführung der Gemischbildung ist mit der Vervollkommnung der Motoren unvereinbar und deshalb in der Weiterbildung der Vergaser zu vermeiden.

Kühlflächen und Hubverhältnis.

Die W ä r m e v e r l u s t e durch Motorkühlung und durch unvollkommene Verbrennung sind in sehr hohem Maße abhängig von der Form des Verbrennungsraumes. Zerklüftete und weitläufige Formen machen eine wärmetechnisch hochwertige Durchbildung des Motors unmöglich. Es entstehen Ecken und Winkel, welche vom einströmenden Gemisch nicht durchspült werden und in welchen erhebliche Restgasmengen zusammengeballt bleiben und eine Ladungszone mit hoher örtlicher Übertemperatur und Frühzündungsgefahr für die benachbarten Gemischteile bilden. Zerklüftete Formen verlängern auch die Verbrennungswege und lassen rasche und vollkommene Verbrennung nicht zu, sie erfordern sogar die Anwendung unwirtschaftlicher Gemische, um die Verbrennung überhaupt unter den gegebenen Arbeitsbedingungen durchführen zu können.

Die Wärmeverluste durch Motorkühlung wachsen mit der Größe der Wandungsflächen des Verbrennungsraumes. Das Verhältnis der Raumoberfläche zum Rauminhalt ist je nach der Form des Raumes sehr verschieden. Dementsprechend weisen auch die Motoren mit verschiedenen Formen des Verbrennungsraumes außerordentlich große Unterschiede in den Kühlungsverlusten auf.

Für die Zylinderform, welcher sich einheitliche Verbrennungsräume am besten anpassen lassen, sind die Zusammenhänge zwischen Oberfläche, Rauminhalt, Hubverhältnis (Hub zu Bohrung) und Verdichtungsgrad nachstehend näher gekennzeichnet. Bild 10 zeigt die verschieden großen Oberflächen von Zylindern gleichen Rauminhaltes, aber verschiedenem Verhältnis der Zylinderhöhe zum Grundkreisdurchmesser. Der Zylinder, dessen Höhe h gleich dem Grundkreisdurchmesser D ist $\left(\frac{h}{D}=1\right)$, hat die kleinste Oberfläche.

Diese ist gegenüber der Oberfläche der Kugel gleichen Inhaltes 14 % größer. Die Kugel hat aber eine 14 % größere lineare Ausdehnung als der Zylinder $\left(\dfrac{D_k}{D} = \sqrt[3]{1,5}\right)$, also einen entsprechend längeren Verbrennungsweg durch die Ladung von einer in der Kugelwand angeordneten Zündstelle gerechnet. Bei der Kugel- und Zylinderform halten sich die Vorteile und Nachteile annähernd die Wage.

Bild 10.

Verhältnis der Kühlfläche zum Inhalt der Verbrennungsräume verschiedener Motorbauarten.

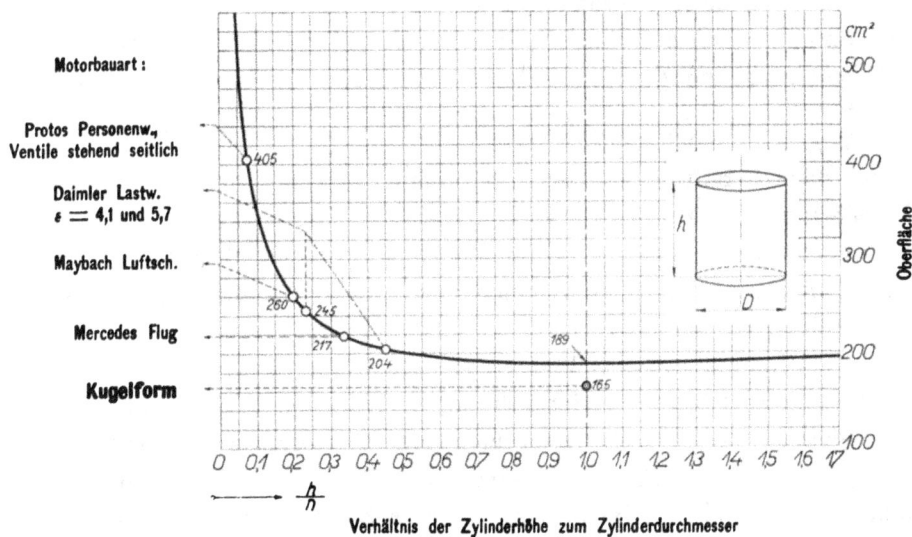

Verhältnis der Zylinderhöhe zum Zylinderdurchmesser

Mit abnehmender Zylinderhöhe $(h < D)$ wächst das Oberflächenverhältnis zunächst langsam und steigt dann bei kleinen $\dfrac{h}{D}$-Werten außerordentlich schnell. Bei einem Zylinder mit einer Höhe gleich dem halben Grundkreisdurchmesser $\dfrac{h}{D} = \dfrac{1}{2}$ ist die Oberfläche nur 6 %, dagegen bei $\dfrac{h}{D} = \dfrac{1}{5}$ schon 30 % gewachsen. Die Kurve in Bild 10 hat Gültigkeit für alle Zylindergrößen, als Ordinatenmaßstab sind aber die Oberflächen in cm² für einen Rauminhalt von 200 cm³ eingetragen, welcher der mittleren Größe der bei Fahrzeugmotoren gebräuchlichen Verbrennungsräume entspricht. Für diesen Inhalt beträgt die mit der Zylinderform bei $\dfrac{h}{D} = 1$ erreichbare kleinste Oberfläche 189 cm². Der inhaltlich gleichgroße Zylinder mit $\dfrac{h}{D} = 0,5$ hat eine Oberfläche $= 201$ cm². Die Oberfläche der gleichgroßen Kugel beträgt nur 165 cm². Hieraus ergibt sich zunächst, daß nach der Kugelform der zylindrische Verbrennungsraum des Motors die kleinsten Kühlflächen erhält, wenn seine Höhe m i n d e s t e n s g l e i c h d e m Z y l i n d e r - h a l b m e s s e r i s t. Sehr flache Verbrennungsräume haben hingegen außerordentlich große Kühlflächen.

Das Oberflächenverhältnis gebräuchlicher Motorbauarten ist in Bild 10 eingetragen. Das wirklich vorhandene Verhältnis O/V ist bei Motoren verschiedener Bauart gemessen und die zu diesem Volumen gehörige kleinstmögliche Oberfläche bestimmt worden. Diese Werte sind dann auf das in Bild 10 zugrunde gelegte Volumen von 200 cm³ reduziert, so daß ein unmittelbarer Vergleich möglich ist. Wie Bild 10 zeigt, entspricht der flache Verbrennungsraum eines Motors mit stehenden Einlaß- und Auslaßventilen auf einer Motorseite, d. i. der Bauart des auf Seite 35 u. f. beschriebenen P r o t o s - Personenwagenmotors, einem Zylinderraum mit $\frac{h}{D} = 0,075$. Die Oberfläche dieses flachen Verbrennungsraumes der Protos-Bauart beträgt 405 cm² gegenüber 189 cm² bei der günstigsten Zylinderform. Die K ü h l f l ä c h e dieses Verbrennungsraumes ist also m e h r a l s v e r d o p p e l t. Die Wärmeverluste durch Kühlung sind bei dieser Bauart sehr hoch, Wirtschaftlichkeit und Literleistung entsprechend niedrig (Näheres im Abschnitt Versuchsergebnisse).

Motoren mit einheitlichem Verbrennungsraum und hängenden Ventilen im Zylinderkopf sind hinsichtlich der Kühlflächen bedeutend günstiger, untereinander aber infolge verschiedenen Hubverhältnisses und Verdichtungsgrades wesentlich verschieden (vgl. Bild 10). Der auf Seite 10 beschriebene 45-PS-Daimler-Lastwagenmotor besitzt eine Vergrößerung der Kühlflächen um 8 % bei 4,1 fachem Verdichtungsgrad, aber um 29 %, wenn die Verdichtung auf $\varepsilon = 5,7$ im sonst unveränderten Motor gesteigert wird.

Es kommt daher nicht allein darauf an, den Verbrennungsraum e i n - h e i t l i c h zu gestalten, sondern man muß ihm auch eine F o r m k l e i n - s t e r O b e r f l ä c h e geben.

Es muß überraschen, daß gegenwärtig bei gebräuchlichen Bauarten Zylinderformen angewendet werden, welche doppelt so große Kühlflächen haben als nötig ist. Der z y l i n d r i s c h e Verbrennungsraum, dessen Höhe mindestens gleich dem halben Grundkreisdurchmesser ist, ist wie die Kugelform allen anderen Formen sehr weit überlegen und muß deshalb in wirtschaftlichen und hochleistenden Maschinen so weit wie möglich ausgebildet werden.

Wie schon vorstehend das Beispiel des 45-PS-Daimler-Lastwagenmotors zeigte, hat der Verdichtungsgrad einen für das Hubverhältnis S/D bestimmenden Einfluß.

Bezeichnet man $\dfrac{\text{Höhe des Verbrennungsraumes}}{\text{Durchmesser des Verbrennungsraumes}} = \dfrac{h}{D} = x$,

so wird mit der Beziehung $\dfrac{h+s}{h} = \varepsilon$ das Hubverhältnis: $\dfrac{s}{D} = x\,(\varepsilon-1)$

und für $h = D$ wird $\dfrac{s}{D} = \varepsilon - 1$.

Das heißt: **Je höher verdichtet wird, desto langhubiger muß der Motor sein.**

Bild 11.
Abhängigkeit des Hubverhältnisses vom Verdichtungsgrad.

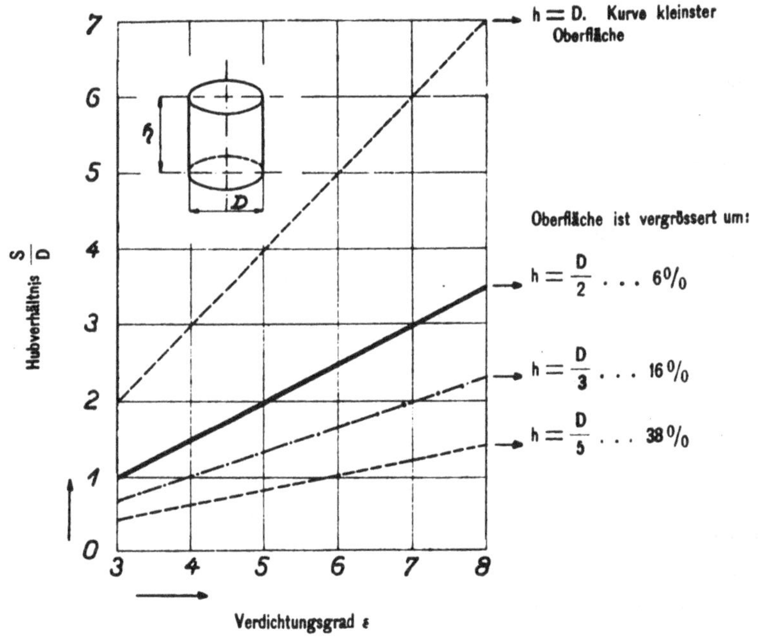

In Bild 11 ist die Abhängigkeit des Hubverhältnisses vom Verdichtungsgrad für Zylinder mit $\dfrac{h}{D} = 1$, $= \dfrac{1}{2}$, $= \dfrac{1}{3}$, $= \dfrac{1}{5}$ dargestellt. Der Zylinder kleinster Oberfläche $\left(\dfrac{h}{D} = 1\right)$ erfordert schon bei 3facher Verdichtung ein Hubverhältnis $= 2$, der Zylinder mit $\dfrac{h}{D} = \dfrac{1}{2}$ und 6 % Oberflächenzunahme erfordert bei 3facher Verdichtung 1faches, bei 8facher Verdichtung schon 3,5faches Hubverhältnis. Ein gebräuchliches Hubverhältnis $\dfrac{s}{D} = 1,4$ ergibt aber bei 8facher Verdichtung eine Zunahme der Oberfläche von 38 %.

Nach den vorstehenden Erörterungen ist eine sehr weitgehende Steigerung der Wirtschaftlichkeit und Literleistung durch Schaffung langhubiger hochverdichtender Motoren erreichbar. Diese müssen auch schnellaufend sein. Je höher die Drehzahl des Motors ist, desto höher ist die Literleistung und desto gleichförmiger ist das Antriebsmoment. Solche Motoren bringen in hohem Maße die erstrebte höhere Leistungsreserve und Wirtschaftlichkeit und ausreichenden Gleichgang im Bereich niedriger Fahrgeschwindigkeit. Hochverdichtende Schnelläufer leiden auch wesentlich weniger unter den Folgen der Überkühlung im niedrigen Drehzahlbereich, welche im Nachlassen des Drehmomentes und in der schlechten Regulierfähigkeit zum Ausdruck kommen.

Motorkühlung.

Die im vorigen Abschnitt gekennzeichneten Verbesserungsmöglichkeiten der Leichtmotoren bedingen außer einer gleichmäßigen und niedrigen Ladungstemperatur einen gleichmäßigen und niedrigen Wärmezustand aller den Verbrennungsraum begrenzenden Wandungen.

Jede Abweichung von diesem Grundsatz, welche durch Rücksicht auf bauliche Unvollkommenheiten, auf die Gemischbildung u. dgl. gemacht werden muß, rückt das Ziel des leistungsfähigen und wirtschaftlichen Motors in unerreichbare Ferne.

In allen Leichtmotoren wird ein großer Teil der Wandungen des Verbrennungsraumes nur mittelbar gekühlt und zwar derart, daß die von der Wandung aufgenommene Wärme im Material fortgeleitet und an benachbarte unmittelbar gekühlte Wandungen abgegeben wird.

Zu den mittelbar gekühlten Wandungen des Verbrennungsraumes gehören der Kolbenboden, die Ventile und Zündkerzen. Die mittelbar gekühlten Wandungsflächen des Verbrennungsraumes sind bei Motoren mit einheitlichem Verbrennungsraum annähernd so groß wie die unmittelbar gekühlten Flächen (Bilder 12 und 13).

Wärmefluß im Kolben.

Die größte aller nur mittelbar gekühlten Wandungsflächen ist der Kolbenboden. Infolge seiner Form als Kreisfläche ist der mittlere Teil des Kolbenbodens von gekühlten Wandungen (Zylinder) weit entfernt und daher starker Erhitzung ausgesetzt. Die Temperatur nimmt von dem der gekühlten Zylinderwand benachbarten Rand des Kolbenbodens nach der Mitte hin zu. Die Temperatur des mittleren Teiles des Kolbenbodens ist bei sonst gleichen Betriebsbedingungen um so höher, je schlechter die Ableitung der vom Kolbenboden aufgenommenen Wärme ist.

Bild 12 und 13.
Unmittelbar und mittelbar gekühlte Zylinderflächen bei Leichtmotoren.

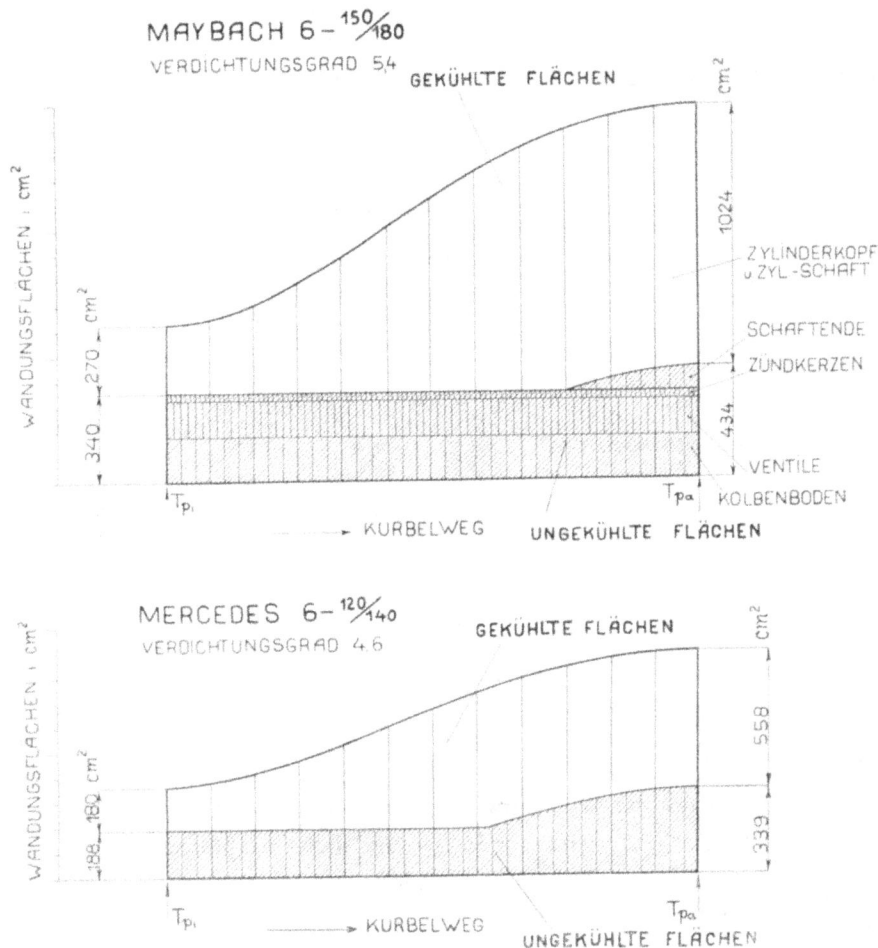

MAYBACH 6 – 150/180
VERDICHTUNGSGRAD 5,4
GEKÜHLTE FLÄCHEN

ZYLINDERKOPF u ZYL-SCHAFT
SCHAFTENDE
ZÜNDKERZEN
VENTILE
KOLBENBODEN
UNGEKÜHLTE FLÄCHEN

MERCEDES 6 – 120/140
VERDICHTUNGSGRAD 4,6
GEKÜHLTE FLÄCHEN

UNGEKÜHLTE FLÄCHEN

Die Erwärmung und Kühlung des Kolbens ist in Bild 14 schematisch dargestellt. Aus den heißen Verbrennungsgasen mit der Temperatur T_1 nimmt der den Verbrennungsraum begrenzende Kolbenboden Wärme auf. Wird aus dem Kolbenboden nur wenig Wärme abgeleitet, so erhitzt sich derselbe bis zur Rotglut. Die Folgen sind außer verminderter Sicherheit der Kolben und des Kolbenlaufs Fehlzündungen des Gemisches. Die Verbrennungstemperatur (T_1) muß durch Verkleinerung der Zylinderfüllung oder der Verdichtung vermindert werden. Wegen der schlecht gekühlten Wandungsteile des Verbrennungsraumes muß also der gesamte Wärmezustand des Motors herabgesetzt werden. Die unmittelbar gekühlten Flächen sind dann überkühlt und der Brennstoffverbrauch ist hoch. Die überkühlten Flächen können anderseits in der Kühlung nicht beschränkt werden, weil hiermit zugleich die Überhitzung des Kolbenbodens wieder eintritt. Die mittelbar gekühlten Flächen entscheiden über die zulässige höchste Betriebstemperatur des Motors, also über die thermodynamisch maßgebende Motoreigenschaft.

Bild 14.

Wärmefluß
in Kolben von Leichtmotoren.

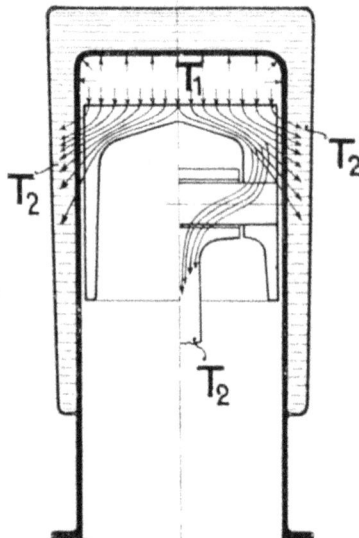

Es muß deshalb für wirksame Wärmeableitung aus allen nur mittelbar gekühlten Wandungen, insbesondere aus dem verhältnismäßig großen Kolbenboden gesorgt werden. Wärme fließt von höheren Temperaturzonen (T_1) nach niedrigeren Temperaturzonen (T_2) und zwar um so stärker, je kleiner die abzuleitende Wärmemenge, ferner je größer das Temperaturgefälle und je geringer der Widerstand gegen den Wärmeabfluß ist. Dementsprechend fließt die Wärme aus der oberen heißen Fläche des Kolbenbodens nach dem Kühlwasser des Zylinders und den übrigen angrenzenden Teilen niedriger Temperatur (Kolbenbolzen, Schubstange) im Sinne der in Bild 14 eingetragenen Wärmestromlinien.

Für die Stärke dieses Wärmeabflusses sind maßgebend:

1. das Temperaturgefälle (T_1—T_2 in Bild 14),
2. der Fließquerschnitt im Material auf dem ganzen Wege des Wärmeabflusses,
3. die Wärmeleitfähigkeit des Materials,
4. die vom Kolbenboden aus den Treibgasen aufgenommene Wärmemenge.

Auf die W ä r m e a u f n a h m e der Kolbenböden ist besonders hinzuweisen, weil sie für die verschiedenen Kolbenbaustoffe sehr starke Unterschiede aufweist, aber bisher unberücksichtigt geblieben ist.

Da das Temperaturgefälle zwecks Erzielung möglichst gleichen Wärmezustandes aller Wandungsteile des Verbrennungsraumes möglichst klein zu halten ist, muß eine wirksame Wärmeableitung aus dem Kolbenboden durch ausreichend großen Fließquerschnitt und durch hohe Wärmeleitfähigkeit des Kolbenmaterials angestrebt werden.

Großer Fließquerschnitt wird durch ausreichend große Stärke des Kolbenbodens und des oberen Kolbenschaftes geschaffen, und zwar muß dieser im Wärmefluß liegende Fließ- bzw. Materialquerschnitt mit abnehmender Temperatur, also nach der Mantelfläche des Kolbenschaftes hin, zunehmen. Die Kolbenböden werden deshalb in der Mitte am schwächsten und nach dem Schaft zu stärker ausgebildet und münden mit starker Abrundung der Innenkante in den Kolbenschaft ein.

Die W ä r m e a u f n a h m e u n d W ä r m e l e i t f ä h i g k e i t sind aber g e g e b e n e E i g e n s c h a f t e n d e r K o l b e n b a u s t o f f e , daher von der Legierung und den gußtechnischen Maßnahmen entscheidend abhängig.

Die Wärmeleitfähigkeit der Baustoffe weist sehr starke Unterschiede auf.

R e l a t i v e W ä r m e l e i t f ä h i g k e i t
(bezogen auf Luft = 1 gesetzt):

Luft	Schmieröl	Petroleum	Vulk. Kautschuk	Asbest
1	5	7	8	9

Wasser	Porzellan	Graphit	Stahl u. Gußeisen	Nickel
23	45	190	2400	2500

Zinn	Rotguß	Cadmium	Messing	Zink
2600	3000	4000	4500	4800

Magnesium	Aluminium	Kupfer	Silber
6700	8700	15 000	18 000

Die Leichtmetalle A l u m i n i u m und M a g n e s i u m leiten die Wärme 3½- b z w. 3 m a l b e s s e r als Martinstahl und G u ß e i s e n , aber nur etwa halb so gut wie K u p f e r .

Die bekannte hohe Wärmeleitfähigkeit des Aluminiums und Magnesiums gewährleistet bei ausreichendem Fließquerschnitt eine wirksame Wärmeableitung aus dem Boden von Aluminium- und Magnesiumkolben und damit wesentlich niedrigere Temperaturen im Kolbenboden gegenüber eisernen Kolben.

Aluminium und Magnesium besitzen aber in reinem, unlegierten Zustande keine befriedigenden Laufeigenschaften. Beide Metalle sind zu weich und außerdem neigt Aluminium zum Fließen des Materials in der Kolbengleitfläche, dem sog. „Schmieren". Man ist deshalb bemüht, durch L e g i e r e n d e r L e i c h t m e t a l l e u n d d u r c h b e s o n d e r e g u ß t e c h n i s c h e M a ß n a h m e n a u s r e i c h e n d e G l e i t f ä h i g - k e i t u n d W i d e r s t a n d s f ä h i g k e i t g e g e n A b n u t z u n g zu erreichen und die Mängel der reinen Leichtmetalle unter Erhaltung der hohen Wärmeleitfähigkeit zu beseitigen.

Die ersten nennenswerten Bestrebungen, Aluminiumkolben in Leichtmotoren zu verwenden, liegen fast ein Jahrzehnt zurück. Die Firma Basse & Selve versuchte damals unter meiner Mitwirkung Kolben, Schubstangen und Zylinder ihrer Flugmotoren aus Aluminium betriebsbrauchbar herzustellen mit dem ausschließlichen Zweck, G e w i c h t z u s p a r e n und die Massenkräfte im Triebwerk zu vermindern.

Bild 15.
Durch Überhitzung zerstörte Kolbenböden.

Aluminiumkolben   Gusseisenkolben
130 mm ⌀ aus dem Jahre 1913   120 mm ⌀   105 mm ⌀

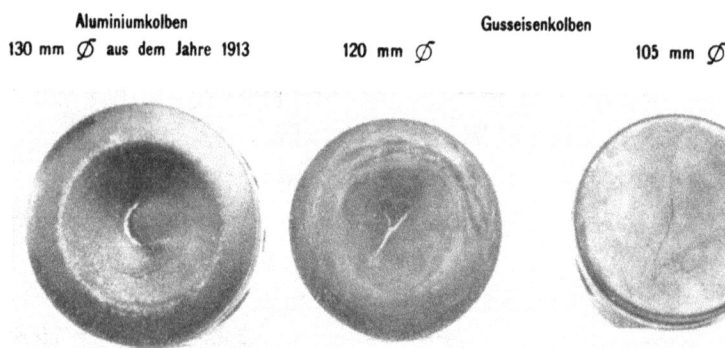

Das Bild 15 zeigt drei gleichaltrige Kolben aus jener Zeit, rechts im Bilde einen gußeisernen Kolben von 105 mm ⌀, in der Mitte einen gußeisernen Kolben von 120 mm ⌀ und links einen der damals untersuchten Aluminiumkolben von 130 mm ⌀. Die Kolbenböden sind sämtlich infolge Überhitzung gerissen. Der Schaft des Aluminiumkolbens war infolge ungenügender Laufeigenschaften stark zerrieben. Erst nach jahrelangen unbefriedigenden Versuchen haben Aluminiumkolben in Flugmotoren brauchbare Resultate ergeben, als man geeignete Legierungen verwendete, das Gießverfahren verbesserte und die Kolbenformen für ausreichenden Fließquerschnitt gestaltete und sich von der einseitigen Ausnutzung der Gewichtsersparnis abwandte.

Die Betriebsbeanspruchungen der Kolben sind in Automobilmotoren infolge der häufig und stark wechselnden Belastungen und Drehzahlen und des wesentlich größeren Drehzahlbereiches wesentlich höher als in Flugmotoren; dazu verlangt der Automobilbetrieb eine lange Lebensdauer der Kolben. Die Erfahrungen in Flugmotoren reichen daher zur Herstellung betriebsbrauchbarer und haltbarer Aluminiumkolben für Automobilmotoren nicht aus, sie enthalten aber sehr wertvolle Anhaltspunkte und Fingerzeige, welche auch zur Durchbildung der Leichtmetallkolben für Automobilmotoren verwertet worden sind.

II.

Untersuchung

der

Leichtmetallkolben

von Kraftfahrzeugmotoren

im

Wettbewerb für Leichtmetallkolben.

Ausgeführt in der

Versuchsanstalt für Kraftfahrzeuge
an der Technischen Hochschule zu Berlin.

1921.

Bauart und Kennzeichnung der zur Kolbenprüfung verwendeten Motoren.

Für die Erprobung der Kolben sind zwei Motoren von sehr verschiedener Bauart, ein neuer 45 PS Daimler-Lastwagenmotor und ein neuer 10/30 PS Protos-Personenwagenmotor ver-

Bild 16.

Zylinder des 45-PS-Lastwagenmotors.

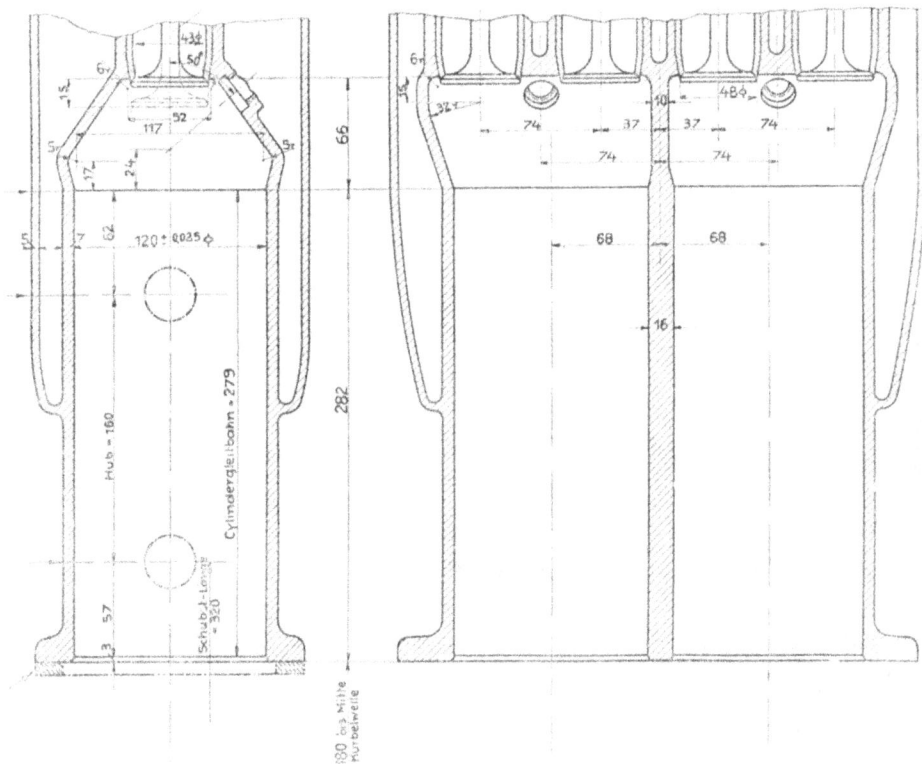

wendet worden. Die Firmen Daimler-Motorengesellschaft, Marienfelde bei Berlin, und Protos-Automobile G. m. b. H., Siemensstadt bei Berlin, haben diese Motoren aus der laufenden Reihenherstellung für die Kolbenversuche zur Verfügung gestellt.

I. 45-PS-Daimler-Lastwagenmotor.

Hauptabmessungen:

4 Zylinder, je zwei im Block,

Zylinderdurchmesser . . . . 120 mm,

Kolbenhub . . . . 160 mm,

Hubvolumen . . . . 1,809 Liter,

Verdichtungsraum bei gußeisernem Kolben . . 0,584 „ ,

Verdichtungsgrad bei gußeisernem Kolben . . 4,1 „ ,

Drehzahlbereich: 300 bis 1200 Umdrehungen minutlich

Bild 17.
Einlaß- und Auslaßdiagramm des 45-PS-Daimler-Lastwagenmotors.

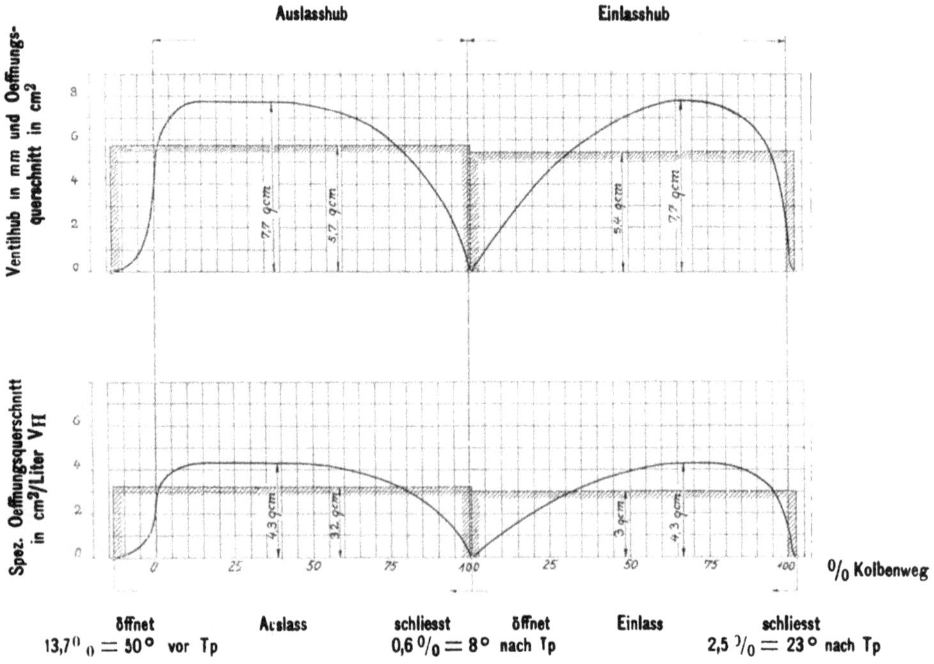

Die paarweise zu einem Block vereinigten gußeisernen Zylinder (Bild 16) des Lastwagenmotors sind ohne Kühlwasserzwischenraum zusammengegossen, daher an der Vereinigungsstelle der beiden Zylinderwandungen nur mittelbar gekühlt. Der Verbrennungsraum ist einheitlich ohne seitliche Ausbauten. Die Ventile für Einlaß und Auslaß sind in Einsätzen hängend im Zylinderkopf angeordnet (Bild 16). Die Steuerungsquerschnitte sind aus Bild 17 ersichtlich.

Das Saugrohr (38 mm Innendurchmesser) ist an die Zylinder angeschraubt und ungeheizt. Als Gemischbilder wurde ein ungeheizter

Pallasvergaser von 40 mm Durchmesser mit Luftdüse von 29 mm ⌀ verwendet. Die angesaugte Luft wird am Abgasrohr angewärmt. Die Lufttemperatur kann durch Kaltluftschieber im Anwärmerohr reguliert werden.

Die Zylinder haben je e i n e Z ü n d s t e l l e in der Nähe des Einlaßventiles (Bild 16). Die Zündung erfolgt durch Bosch-Magnetapparat Type ZR 4 mit handverstellbarem Zündungszeitpunkt. Für den normalen Drehzahlbereich (700—1100 Umdr./Minute) wurde der günstigste Zündungszeitpunkt zu 30 bis 37 Grad Kurbelwinkel vor dem oberen Totpunkt ermittelt. Unter 700 Umdrehungen nimmt der günstigste Vorzündungswinkel bis auf 20 Grad ab.

II. 10/30-PS-Protos-Personenwagenmotor.

Hauptabmessungen:

4 Zylinder in einem Block,

Zylinderdurchmesser	80 mm,
Kolbenhub	130 mm,
Hubvolumen	0,653 Liter,
Verdichtungsraum bei gußeisernem Kolben . .	0,176 „ ,
Verdichtungsgrad bei gußeisernem Kolben . . .	4,7 „ ,

D r e h z a h l b e r e i c h: 600 bis 2000 Umdrehungen minutlich.

Der Personenwagenmotor hat einen gußeisernen Vierzylinderblock. Die Ventile für Einlaß und Auslaß sind auf einer Motorseite stehend nebeneinander angeordnet. Hierdurch ist der Verbrennungsraum stark einseitig herausgezogen; seine Breite ist n e u n m a l größer als seine Höhe (Bild 18). Die Wandungsfläche des Verbrennungsraumes ist sehr groß, wie in Bild 10 Seite 21 bereits nachgewiesen worden ist.

Die Steuerungsquerschnitte sind aus Bild 19 ersichtlich.

Das S a u g r o h r (34 mm Innendurchmesser) ist im Zylinderblock eingegossen und liegt im ersten Teil mit Gefälle, dann zu den Ventilkammern ansteigend im Kühlwasserraum des Zylinderblocks. An die horizontale Eintrittsöffnung des Saugkanals ist ein ungeheizter Zenith-Horizontalvergaser von 30 mm Durchmesser angeschlossen. Die verwendeten Luftdüsen hatten 23 und zeitweise 22 mm Durchmesser. Die angesaugte Luft strömt unmittelbar aus dem Freien in den Vergaser.

Die Zylinder haben je eine Zündstelle in der eisernen Verschraubung über dem Einlaßventil (Bild 18). Die Zündung erfolgt durch einen S. S.-Magnetapparat, Type F 4 A, mit selbsttätiger Verstellung des Zündungszeitpunktes. In den Versuchen ist der günstigste Zündungszeitpunkt bei 1400 Motorumdrehungen/Minute eingestellt worden. Dieses ergab einen

Zündkerze sitzt in der Verschraubung über dem Einlassventil

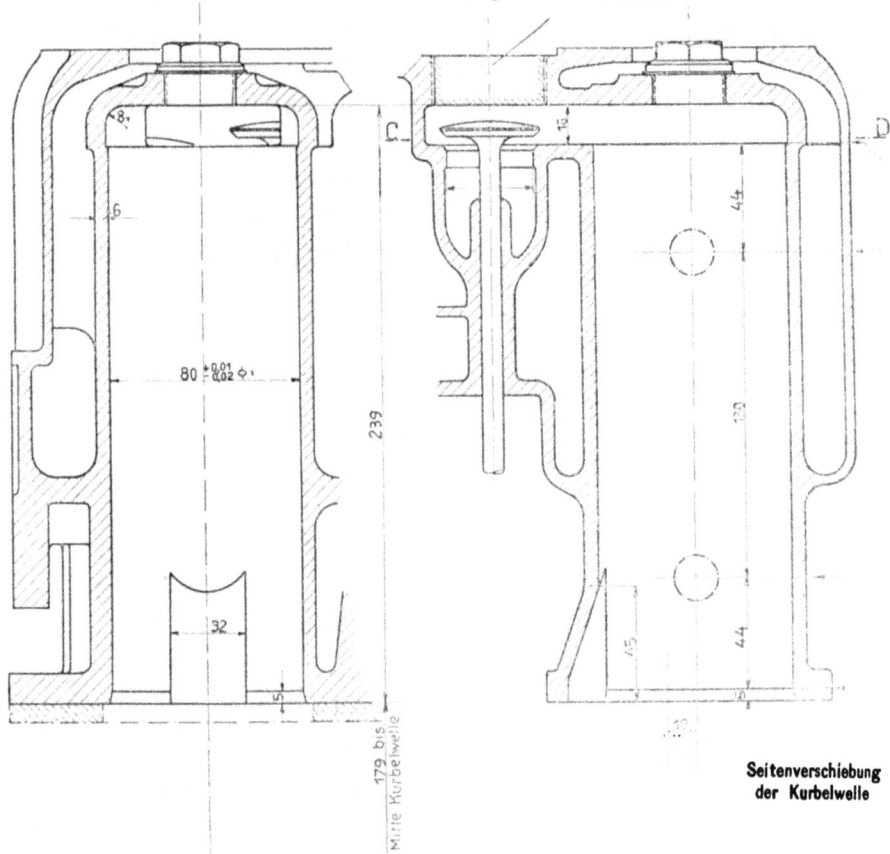

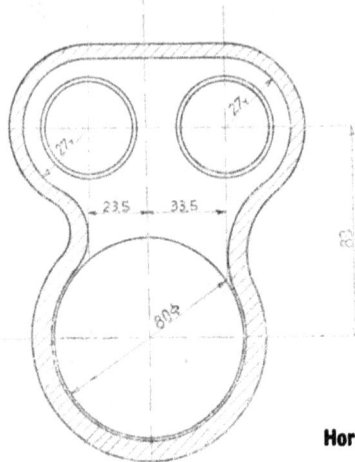

Seitenverschiebung
der Kurbelwelle

Bild 18.

**Zylinder
des 10/30-PS-Protos-
Personenwagenmotors.**

Innerer Sitzdurchmesser der Einlaß-
und Auslaßventile = 38 mm.
Ventilhub vgl. Bild 19.

Horizontalabschnitt C—D durch den Verbrennungsraum.

Bild 19.

Einlaß- und Auslaßdiagramm des 10/30-PS-Protos-Personenwagenmotors.

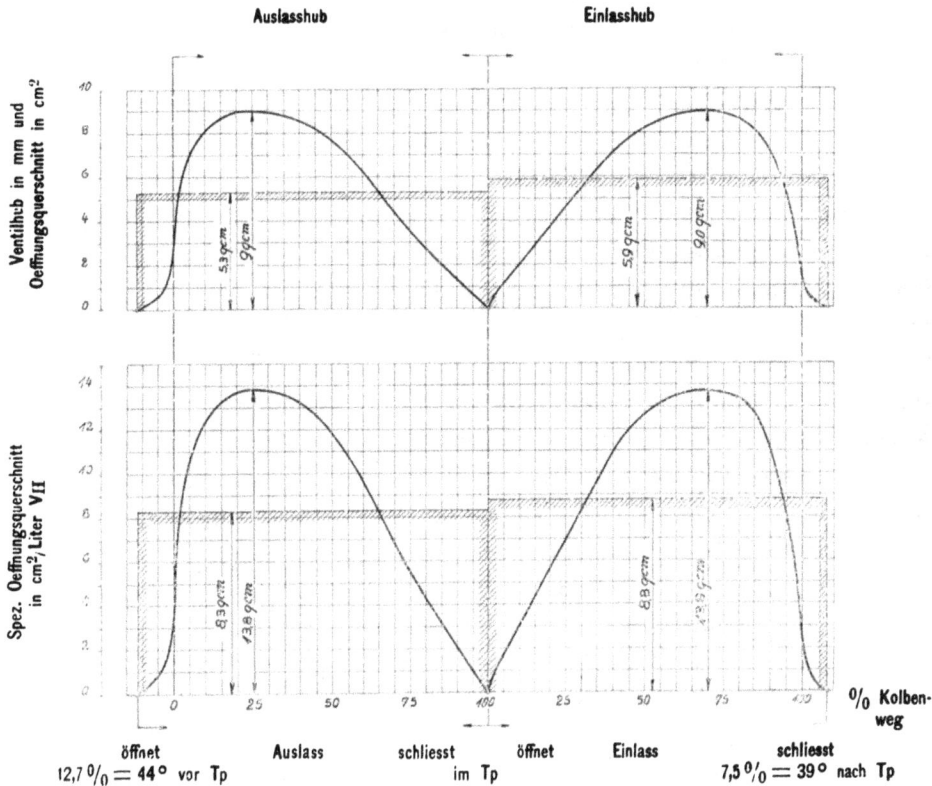

Vorzündungswinkel von 25 Grad vor dem oberen Totpunkt bei vollem Ausschlag des Verstellreglers.

Beide Motoren haben Druckumlaufschmierung mit Ölbad im unteren Kurbelgehäuse. Bei normalen Ölstand enthält das Ölbad im Lastwagenmotor 9,5 Liter, im Personenwagenmotor 3,5 Liter Schmieröl. Die Zylindergleitbahnen und die Kolbenschäfte werden durch das Spritzöl des Kurbeltriebwerks geschmiert. Die Kolbenschäfte und Kolbenbolzen haben keine besondere Schmierölzuführung.

Als günstigstes V e n t i l s p i e l ergaben die Vorversuche beim Lastwagenmotor 0,2 mm, beim Personenwagenmotor 0,3 mm bei kaltem Motor. Infolge der Erwärmung im Betrieb wird das Ventilspiel beim Lastwagenmotor um 0,2 mm größer, beim Personenwagenmotor um 0,1 mm kleiner. Dieser Unterschied ist in der verschiedenen Bauart der beiden Motorsteuerungen begründet. Das Ventilspiel ist für jede Versuchsreihe genau eingestellt worden.

Die für die Kolbenerprobung wesentlichsten Unterschiede in der Bauart der beiden Motoren sind:

die Kolbendurchmesser (80 und 120 mm),

die Form der Verbrennungsräume und die Größe ihrer Wandungsflächen,

die Anordnung der Saugrohre und

die Befestigung und Lagerung der Kolbenbolzen.

Die e i n h e i t l i c h e Form des Verbrennungsraumes beim L a s t - w a g e n m o t o r ist für wirtschaftliche Brennstoffausnutzung günstig. Die Wandungsfläche des Verbrennungsraumes ist im Verhältnis zu seinem Inhalt klein, die Ladung im Augenblick der Entzündung geballt. Im Gegensatz hierzu ist der langgestreckte s e h r f l a c h e Verbrennungsraum des P e r s o n e n w a g e n m o t o r s für wirtschaftliche Brennstoffausnutzung sehr ungünstig, infolge seiner großen Wandungsflächen und der großen Ausdehnung und Zerklüftung der Ladung. Der letztere Nachteil nimmt mit der Steigerung der Verdichtung noch erheblich zu, weil hierbei der Kolben über die Zylinderbahn hinaus in den Verbrennungsraum bis nahe an die obere Zylinderwand eintaucht und dadurch die Ladung in kleine Raumteile zerreißt. Die Verbrennung wird unvollkommen und schleppend und der Verbrennungsdruck trifft den Kolben einseitig.

In den flachen, seitlich herausgebauten Verbrennungsräumen sind gleiche Gemischtemperaturen in allen Teilen der Ladung nicht zu erreichen, insbesondere wenn die Ventile in sehr niedrigen Seitenkammern des Verbrennungsraumes angeordnet sind. Das in den Zylinder einströmende Gemisch vermischt sich nicht ausreichend mit den heißen Restgasen. Diese behalten daher hohe Temperaturen, welche während der Verdichtung rasch die Entzündungstemperatur des Gemisches erreichen und Frühzündungen in den angrenzenden Gemischteilen hervorrufen.

Das außerhalb der Zylinder liegende Saugrohr des Lastwagenmotors gestattet eine Regulierung der Gemischtemperatur in ausreichend weiten Grenzen, hingegen ist diese Temperaturregulierung bei dem im Zylinderblock eingegossenen Saugrohr des Personenwagenmotors beschränkt. Hier bestimmen die Kühlwasser- und Abgastemperatur die Gemischtemperatur.

Höhere Verdichtung erfordert aber niedrige Gemischtemperatuen, damit die Endverdichtungstemperaturen ausreichend niedrig bleiben. Das ist im ersten Abschnitt eingehend begründet worden. Auch die aus gußtechnischen Gründen gewählte Form (Gefälle) dieses Saugrohres ist für die Gemischbildung ungünstig. Dieser Nachteil kommt mit abnehmender Gemischtemperatur zunehmend zur Geltung.

Die Befestigung und Lagerung der Kolbenbolzen sind bei den beiden Prüfmotoren wesentlich verschieden, wie aus Bild 20 ersichtlich ist.

Bild 20.

Gußeisenkolben, Dichtungsringe und Kolbenbolzenlagerung

des

45-PS-Lastwagenmotors   30-PS-Personenwagenmotors

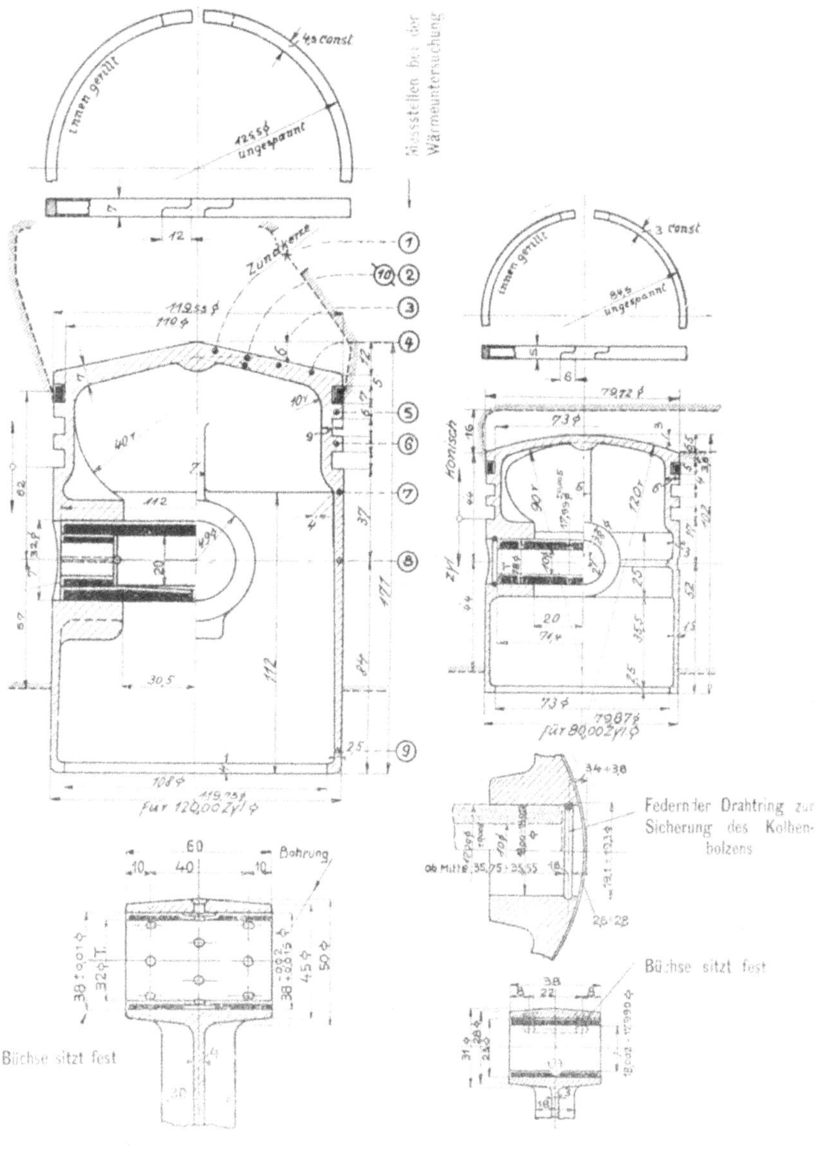

Beide Motoren haben durchgehend zylindrische Kolbenbolzen. Die Kolbenbolzen des Lastwagenmotors sind im Schubstangenkopf drehbar gelagert, an den Enden geschlitzt und durch zwei konische, in die geschlitzten Bolzenenden eingetriebene Spannbüchsen i n d e n b e i d e n K o l b e n - a u g e n f e s t g e s p a n n t. Im Gegensatz hierzu sind die Kolbenbolzen

des Personenwagenmotors s o w o h l i m S c h u b s t a n g e n k o p f a l s
a u c h i n d e n b e i d e n B o l z e n a u g e n d r e h b a r u n d a c h s i a l
b e w e g l i c h gelagert. Zwei federnde Drahtringe, welche in die Ringnuten der Kolbenaugen eingespannt sind, sichern den Bolzen gegen achsiale
Verschiebungen.

Die Kolbenaugen sind also beim Lastwagenmotor in festem Abstande zueinander durch den Kolbenbolzen festgehalten und können den
Formänderungen und der Wärmeausdehnung des Kolbenkörpers nicht folgen.
Dagegen ist beim Personenwagenmotor der Abstand der Kolbenaugen nicht
durch den Kolbenbolzen festgelegt und ausschließlich von den Formveränderungen des Kolbenkörpers abhängig.

Versuchseinrichtungen.

Die durch den Zweck des Wettbewerbes gegebene Versuchsaufgabe
geht ungewöhnlich weit über den Rahmen der üblichen Motoruntersuchun-
gen hinaus, weil erstmalig s o w o h l d i e B e t r i e b s w e r t e d e r v e r -
s c h i e d e n e n K o l b e n n a c h A n p a s s u n g a n d i e B a u a r t d e r
M o t o r e n , a l s a u c h d i e d a b e i a u f t r e t e n d e n V e r ä n d e -
r u n g e n i m B e t r i e b s z u s t a n d e d e r M o t o r e n , u n d a u c h
d i e f ü r d e n K o l b e n l a u f e n t s c h e i d e n d e n E i g e n s h a f t e n
d e r K o l b e n b a u s t o f f e f e s t z u s t e l l e n w a r e n . Die planmäßige
Erforschung dieser Wechselbeziehungen zwischen den Betriebswerten und
dem Wesen der Baustoffe erforderte eine zusammengefaßte m o t o r -
t e c h n i s c h e , p h y s i k a l i s c h e , m e t a l l u r g i s c h e u n d c h e m i -
s c h e Untersuchung, für welche zum Teil ganz neuartige Versuchseinrich-
tungen geschaffen und besondere Versuchsmethoden angewendet werden
mußten.

Die B e t r i e b s e i g e n s c h a f t e n der Kolben sind auf zwei hochwertig ausgebauten M o t o r p r ü f s t ä n d e n gemessen worden. Diese
bestehen im wesentlichen aus den gefederten Motorrahmen, zwei Pendel-
Dynamomaschinen mit sehr empfindlichen Flüssigkeitsmeßdosen, welche
eine Meßgenauigkeit bis auf $^1/_{10}$ PS ergeben, aus achsial und radial nach-
giebigen, aber spielfreien Kupplungswellen, volumetrischen Meßvorrich-
tungen für Brennstoff und Kühlwasser, thermoelektrischen Meßeinrichtungen
für die Schmieröltemperaturen im Motorgehäuse und für die Abgastemperaturen im Abgassammelrohr, aus einem Spezial-Schwingungsindikator und
aus den Vorrichtungen für die Messung der Drehzahlen, Temperaturen usw.

Für die Ermittelung der p h y s i k a l i s c h - t h e r m i s c h e n Eigenschaften der Kolben und Kolbenbaustoffe wurden zwei besondere Vorrichtungen geschaffen (Bilder 21 und 22).

Die Meßvorrichtung nach Bild 21 dient zur thermischen Untersuchung der einbaufertigen Kolben. In einem mit Wasserkühlung versehenen Heizkopf sind eine aus Silitstäben bestehende elektrische Wärmequelle und ein Luftwirbler eingebaut. An diesen Heizkopf schließt sich ein 3 mm starker

Bild 21.
Vorrichtung für die thermische Untersuchung der Kolben.

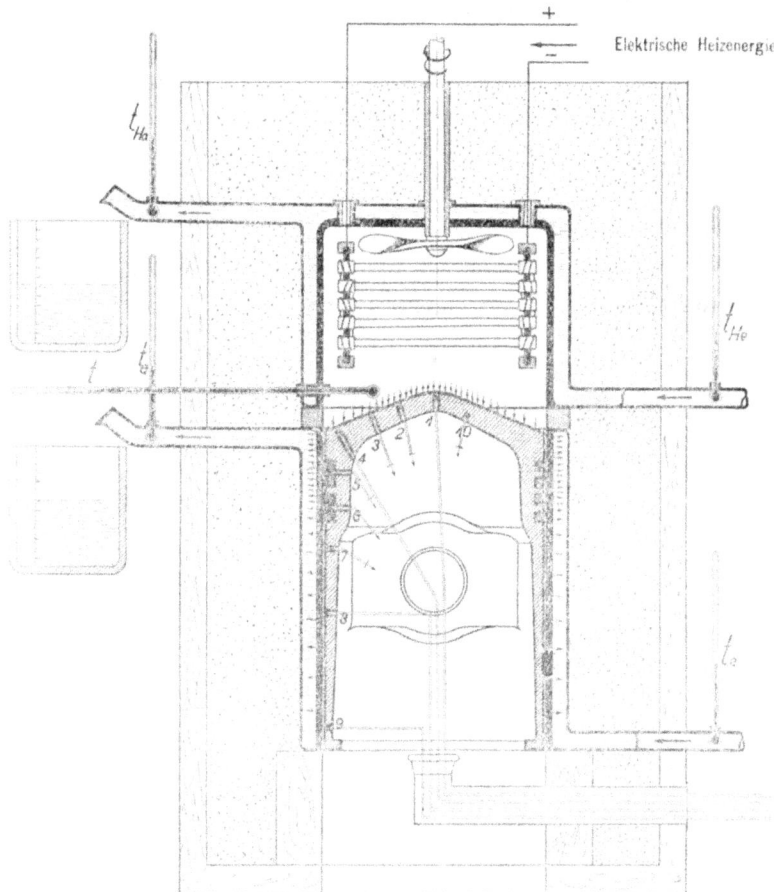

wassergekühlter Stahlzylinder von 120 mm Innendurchmesser an. Der Heizstrom für die Wärmequelle und die Kühlwassermengen für den Heizkopf und den Zylinder sind sehr fein regulierbar. Im Heizkopf lassen sich Lufttemperaturen bis 600° Celsius herstellen. Die Kühlwassertemperaturen können beliebig einreguliert werden. In den Stahlzylinder werden nacheinander die zu untersuchenden Kolben eingesetzt. In dem Kolbenboden und dem Kolbenschaft sind, wie aus Bild 21 ersichtlich ist, 10 Thermoelemente angeordnet. Die 1 mm weiten Bohrungen für die Thermoelemente

sind bis auf 2 mm an die Kolbenoberfläche herangeführt. Nur die Meßstelle 10 liegt dicht an der Bodenunterfläche und ist mit der Meßstelle 2
von Mitte Kolbenboden gleich weit entfernt, so daß der Temperaturunter-
schied über die Dicke des Kolbenbodens ermittelt werden kann.

Für alle Versuchskolben wurden gleiche Lufttemperaturen im Heiz-
kopf hergestellt und die hierzu aufzuwendenden Heizenergien, die vom
Kolben an das Zylinderkühlwasser abfließenden Wärmemengen und die
Temperaturen an den 10 Meßstellen im Kolben gemessen.

Hiermit ergeben sich:

1. das Temperaturgefälle im Kolbenboden und Schaft,
2. die Wärmeaufnahme des Kolbens,
3. die im Kolben zur Zylinderwand abfließende Wärmemenge,
4. die aus dem Kolben nach dem Kolbeninnenraum austretende
   Wärmemenge.

Diese Werte kennzeichnen die thermischen Eigenschaften der Kolbenbaustoffe unter dem Einfluß der Kolbenform.

Bild 22.

**Vorrichtung für die thermische Untersuchung zylindrischer
Schäfte aus Kolben.**

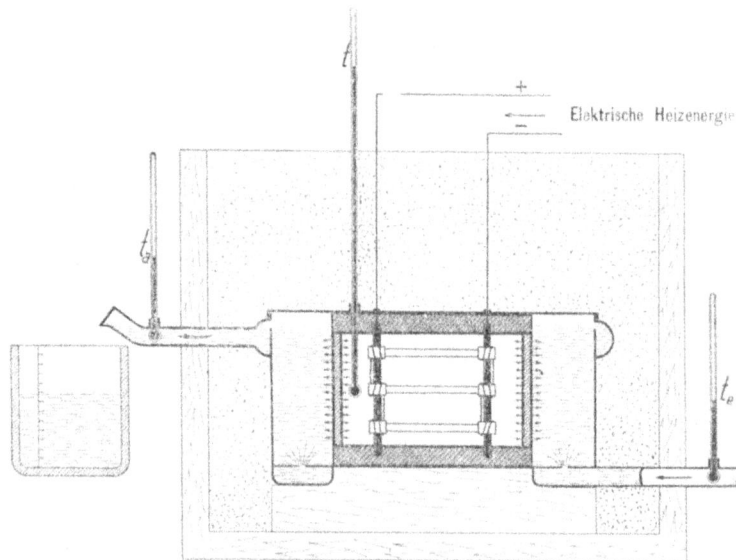

Die thermischen Eigenschaften der Baustoffe, o h n e den Einfluß der
K o l b e n f o r m , werden in der Meßvorrichtung, Bild 22, festgestellt. In
dieser werden zylindrische Schäfte gleicher Abmessungen untersucht, welche
den einzelnen Kolben entnommen sind. Diese Versuchsschäfte werden

nacheinander in die Meßvorrichtung (Bild 22) als Wandung eines elektrisch heizbaren Raumes eingesetzt und außen wassergekühlt.

Die Ausrüstung für die Messung der Heizenergie, der Wärmemengen und der Temperaturen entspricht derjenigen bei der Vorrichtung für die thermische Untersuchung der vollständigen Kolben.

Die physikalischen und metallurgischen Eigenschaften der Kolbenbaustoffe sind nach bekannten Methoden ermittelt worden und zwar:

die Legierung durch chemische Analysen,

die Struktur der Baustoffe durch die mikroskopische Untersuchung geätzter Schliffe,

die Härte in der Brinellpresse mit 5 mm starker Kugel, 500 kg Kugeldruck und einer Druckdauer von 1 Minute,

das spezifische Gewicht durch Wasserverdrängung, aber beim Baustoff GEK durch Ausmessen des Volumens, weil dieser Baustoff im Wasser Wasserstoff entwickelt,

die Ausdehnung der Baustoffe durch die Wärme durch Spiegelablesung der Längenänderung von Einheitsstäben.

Alle Baustoffproben sind aus den Kolbenkörpern entnommen worden, so daß die Identität der Proben mit dem Kolbenmaterial in jeder Hinsicht sichergestellt ist. Auch die Stäbe für die Bestimmung der Ausdehnungskoeffizienten sind aus den Kolbenschäften in einer Länge von 100 bzw. 150 mm und einer Stärke von 10 mm herausgeschnitten worden.

Für die Wärmeuntersuchungen sind die Kolben aus der Motorerprobung, mit der nach dem Dauerlauf im Motor auf dem Kolbenboden haftenden Rußkruste und mit ölbenetzter Schaftfläche verwendet worden. Erst nach der Wärmeuntersuchung der Kolben in diesem Betriebszustande erfolgte die Wiederholung der Wärmemessungen an den gereinigten, von Ölkruste befreiten Kolben.

Alle Kolben wurden satzweise erprobt und zuerst auf ein Einbaumaß mit kleinem Spiel geschliffen. Die Kolbendurchmesser und Zylinderdurchmesser und die Unrundheit wurden beim Einbau und auch nach den Erprobungen nachgeprüft und bleibende Maß- und Formänderung im Betrieb festgestellt. Das Verziehen der Kolbenschäfte, welches durch die Befestigung der Kolbenbolzen zeitweise auftritt, wurde durch die laufende Maßkontrolle in 6 Schaftpunkten parallel und quer zur Kolbenbolzenachse vermieden.

In den Vorversuchen sind die Kolbendurchmesser für günstigsten Kolbenlauf, jedoch nur durch volle Rundbearbeitung (Drehen, Schleifen, Schmirgeln auf der Drehbank), nachgearbeitet worden. Mit Hilfe der sehr empfindlichen und genauen Drehmomentmessung war das günstigste Kolbenspiel sehr leicht feststellbar. In weiteren Vorversuchen wurden der günstigste Verdichtungsgrad für beste Leistung bei wirtschaftlichstem Verbrauch und die beste Vergasereinstellung für jeden Kolbensatz ermittelt und für die Hauptuntersuchungen festgelegt.

Versuchsgliederung.

Zur Feststellung der maßgebenden Eigenschaften sind mit jedem Kolbensatz im 45-PS-Lastwagenmotor und im 10/30-PS-Personenwagenmotor, ferner für alle Kolbenlegierungen folgende Werte ermittelt worden:

1. Die Betriebseigenschaften der Kolben im 45-PS-Lastwagenmotor und 10/30-PS-Personenwagenmotor und zwar:

Zulässiger Verdichtungsgrad,

Motornutzleistungen
Brennstoffverbrauch   } a) bei Vollast im ganzen Drehzahlbereich

Kühlwasserwärme
Abgastemperaturen   } b) bei gedrosseltem Motor und konstanten Drehzahlen
Schmieröltemperaturen

Motorschwingungen,

Motorgang im Leerlauf,

Betriebssicherheit, Schmierölverbrauch, Leistungen und Wirtschaftlichkeit bei vierstündigem Dauerlauf und Vollast,

Erforderliches Kolbenspiel und Einfluß der Betriebsbeanspruchung auf den Kolbendurchmesser,

Motorreibung und Güte des Kolbenlaufs.

2. Die physikalisch-thermischen Eigenschaften der Kolben und Kolbenbaustoffe und zwar:

Temperaturgefälle im Kolben,

Wärmeaufnahme der Baustoffe bei verschiedenem Zustande der Oberfläche (rein, mit Ölkruste, mit Rußbelag),

Ausdehnung der Kolbenbaustoffe durch die Wärme.

3. Die metallurgischen Eigenschaften der Kolbenbaustoffe:

Spezifisches Gewicht der Baustoffe,

Chemische Zusammensetzung,

Struktur des Baustoffes,

Härte.

4. Die baulichen Eigenschaften:

Herstellungsart der Rohlinge,

Baustoffaufwand für die Rohlinge,

Fertiggewichte,

Kolbenform.

Versuchsergebnisse.

Die ermittelten Werte der Leichtmetallkolben sind in den folgenden Bildern zusammengefaßt und mit den entsprechenden Werten der gußeisernen Kolben verglichen.

Alle Einzelwerte (Verdichtungsgrad, Motorleistung, Brennstoffverbrauch usw.) eines Kolbensatzes sind zusammengehörig und in demselben Motorlauf gleichzeitig gemessen worden.

Eigenschaften der benutzten Betriebsstoffe.

Alle Kolbenuntersuchungen sind mit Benzol und Schmieröl folgender Beschaffenheit durchgeführt worden:

Benzol:

Spezifisches Gewicht . . . = 0,875 bei 15° Celsius
Unterer Heizwert . . . . . = 9560 WE/kg
Wasserstoffgehalt H . . . = 8,4 Gew.-%
Kohlenstoffgehalt C . . . . = 91,5 Gew.-%.

Siedetemperaturen der Bestandteile siehe Bild 23.

Bild 23.

Siedekurve des Benzols.

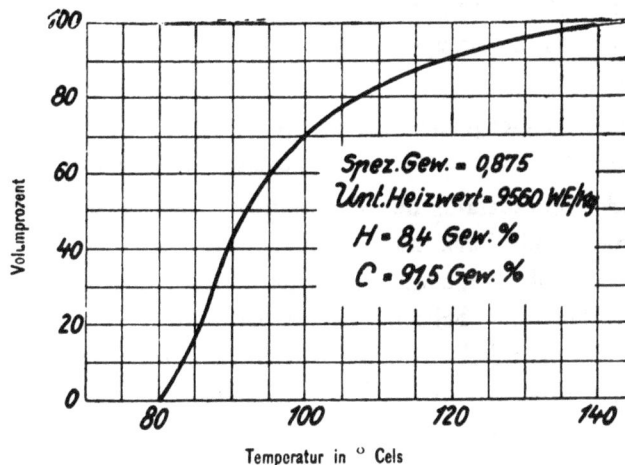

Schmieröl:

Vakuumöl „Gargoyle Mobil BB"
Spezifisches Gewicht . . . = 0,909
Wasserstoffgehalt H . . . = 12,5 Gew.-%
Kohlenstoffgehalt C . . . . = 87,5 Gew.-%
Flammpunkt . . . . 212° Celsius.

Zähflüssigkeit bei verschiedenen Temperaturen siehe Bild 24.

Bild 24.

Zähflüssigkeit des Schmieröls „Gargoyle Mobil BB."

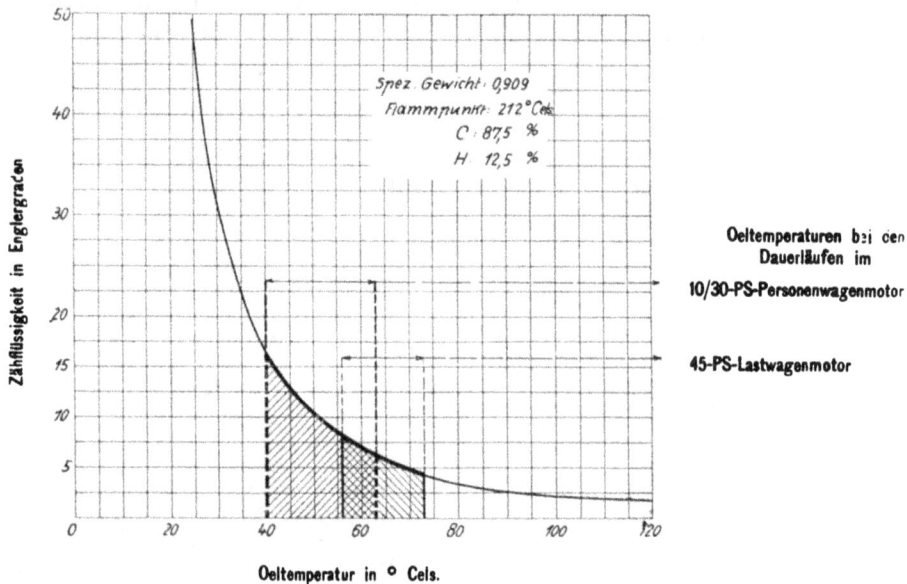

Dieses Bild zeigt auch die bei den Dauerläufen der Kolben im Lastwagenmotor und Personenwagenmotor gemessenen Ölbadtemperaturen. Hiernach hatte das betriebswarme Schmieröl in den Dauerläufen eine Zähflüssigkeit von:

16 bis 6 Englergraden im 30-PS-Personenwagenmotor,
8 bis 4,5 „ „ 45-PS-Lastwagenmotor.

Um den Schmierzustand der Prüfmotoren nach diesen Werten beurteilen zu können, muß kurz auf die Bedeutung der Zähflüssigkeit (Viskosität) der Schmieröle eingegangen werden. Bild 25 zeigt die Zähflüssigkeit dreier verschiedener Schmieröle bei Öltemperaturen bis 120° Cels. Die Öle sind gebräuchliche Sorten guter Qualität. Das dünnflüssige Öl (unterste Kurve) wird vielfach als „Winteröl" verwendet. Das Öl für wassergekühlte Motoren (mittlere Kurve) ist ein mittelflüssiges Öl, welches für Automobilmotoren bevorzugt verwendet wird und welchem das bei den Kolbenuntersuchungen benutzte Gargoyle Mobil BB entspricht. Die oberste Kurve gehört zu einem dickflüssigen Öl, welches für Umlaufmotoren benutzt wird. Verfasser hat in zahlreichen Untersuchungen von Flugmotoren, insbesondere von Umlaufmotoren, ferner Großflugmotoren und Schnelläufern eigener Bauart festgestellt, daß sich die besten Laufspiegel in den Triebwerksgleitlagern, in den Zylindern und auf den Kolbenschäften ausbilden, wenn die Zähflüssigkeit des den Laufflächen zugeführten

Schmieröles zwischen 25 und 5 Englergraden beträgt. Über 25 Englergraden ist das Schmieröl zu dickflüssig, die Ölverteilung über die ganze Lagerfläche ist erschwert und die Motorleistung nimmt merklich ab. Unter 5 Englergraden ist das Schmieröl zu dünnflüssig. Die Ölschicht im Lager verliert ihre Tragfähigkeit und hält dem Lagerdruck nicht stand. Es entsteht metallische Reibung, welche das Lager aufrauht und rasch zerstört.

Bild 25.

Zähflüssigkeit verschiedener Motorenschmieröle.

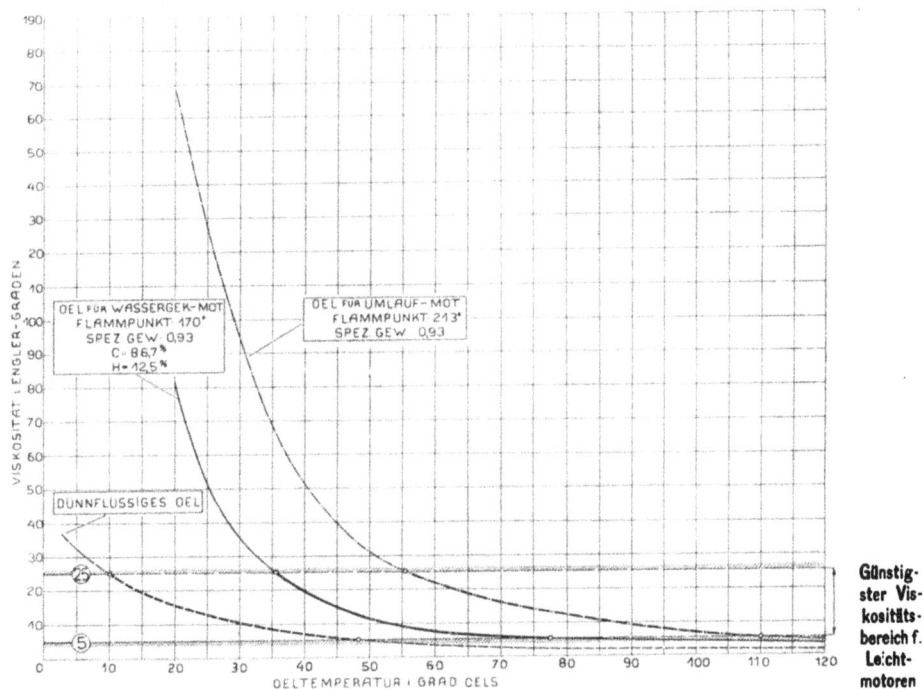

Den günstigsten Zähflüssigkeitsbereich, in welchem die ständige Neubildung der tragfähigen Ölschicht zwischen den Lagerflächen ausreichend vorhanden ist, hat nach Bild 25:

das dünnflüssige Schmieröl bei einer Temperatur von 10° bis 48° Cels.,
das mittelflüssige " " " " " 36° bis 77° Cels.,
das dickflüssige " " " " " 55° bis 110° Cels.

Hiermit liegt die Verwendbarkeit der Schmieröle in Abhängigkeit vom Wärmezustand des Triebwerks fest. Der Mißerfolg ist unvermeidlich, wenn man das dünnflüssige Öl in luftgekühlten Motoren mit hoher Betriebstemperatur oder das dickflüssige Öl in wassergekühlten Motoren mit niedrigem Wärmezustand verwendet.

Wie vorstehend mitgeteilt, hatte das Schmieröl bei den Kolbenuntersuchungen eine Zähflüssigkeit von 16—6 Englergraden im Personenwagenmotor und von 8 bis 4,5 Englergraden im Lastwagenmotor. In dem letzteren
wird also die untere Grenze der Zähflüssigkeit gestreift. Dementsprechend
waren auch die Unterschiede in der Güte des Kolbenlaufes im Lastwagenmotor sehr ausgeprägt, während die Kolben mit nur mittelmäßigen Laufeigenschaften im Personenwagenmotor keine Anstände zeigten.

Bild 26.
**Verdichtungsgrade des 45-PS-Lastwagenmotors mit Gußeisen-
und Leichtmetallkolben.**

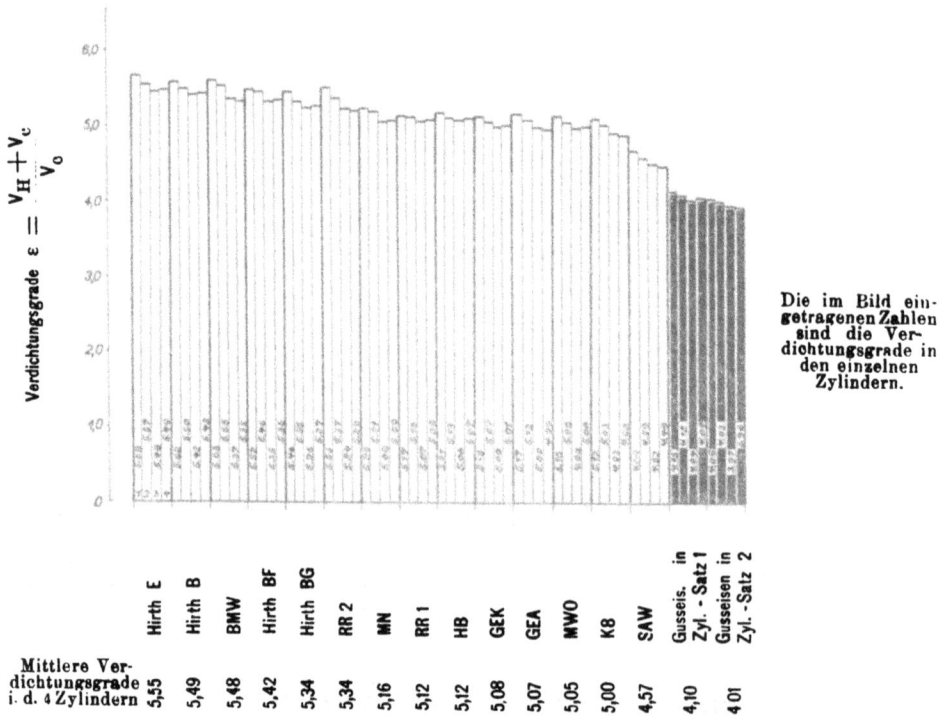

Verdichtungsgrade $\varepsilon = \dfrac{V_H + V_c}{V_o}$

Die im Bild ein-
getragenen Zahlen
sind die Ver-
dichtungsgrade in
den einzelnen
Zylindern.

	Hirth E	Hirth B	BMW	Hirth BF	Hirth BG	RR 2	MN	RR 1	HB	GEK	GEA	MWO	K8	SAW	Gusseis. in Zyl.-Satz 1	Gusseisen in Zyl.-Satz 2
Mittlere Ver-dichtungsgrade i. d. 4 Zylindern	5,55	5,49	5,48	5,42	5,34	5,34	5,16	5,12	5,12	5,08	5,07	5,05	5,00	4,57	4,10	4 01

Verdichtung.

Die Bilder 26 und 27 zeigen die ermittelten günstigsten Verdichtungsgrade aller untersuchten Kolben im Lastwagenmotor und Personenwagenmotor. Bei diesen Verdichtungsgraden war noch keine
Neigung zu Frühzündungen vorhanden, obwohl die Versuche in
eine sehr heiße Jahreszeit fielen und die Lufttemperaturen in der Nähe der
Prüfstände 32° Celsius erreichten. Verdichtungen, welche harten und stamp-
fenden Motorgang oder Klopfen im Motor verursachten, wurden grundsätzlich vermieden.

Auch absichtlich bis auf 100° Celsius gesteigerte
Kühlwassertemperaturen hatten noch keine Frühzündungen zur Folge.
Neigung zur Frühzündung der Ladung war gelegentlich im Protos-
motor im seitlichen Teil des Verbrennungsraumes vor-
handen. Dieser Übelstand ist aber auch bei den zugehörigen gußeisernen
Kolben in gleichem Maße aufgetreten.

Die niedrige Verdichtung des Lastwagenmotors mit gußeisernen
Kolben (Bild 26) ist bedingt durch die hohen Betriebstemperaturen des

Bild 27.
**Verdichtungsgrade des 10/30-PS-Personenwagenmotors mit Gußeisen-
und Leichtmetallkolben.**

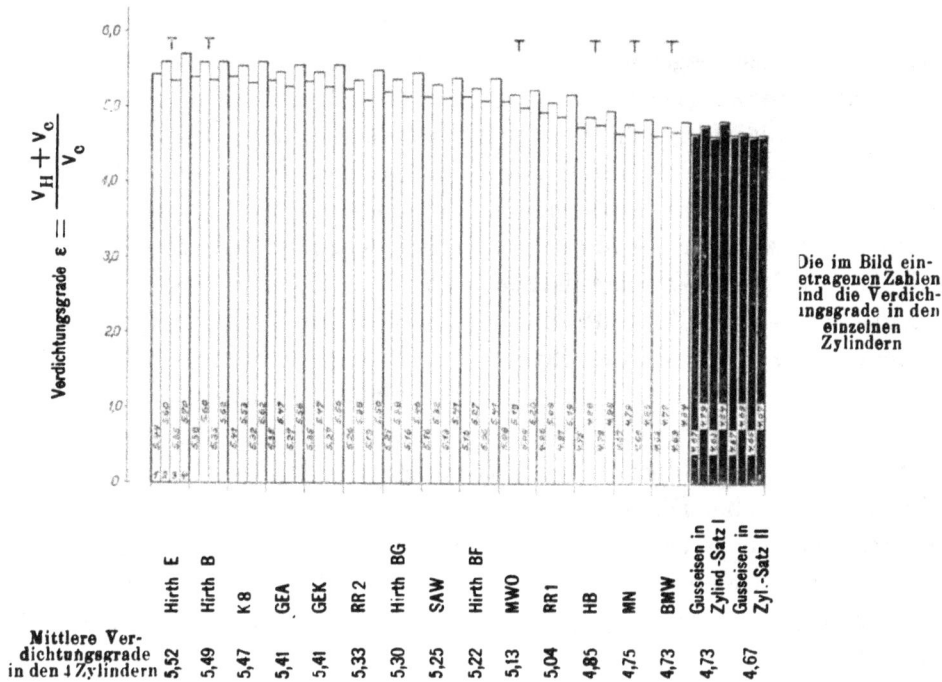

Kolbenbodens (Bild 44, Seite 65). Diese schließen eine Verdichtungssteigerung aus. Die gußeisernen Kolbenböden zeigten im Dauerlauf schon
bei den angewendeten niedrigen Verdichtungen beginnende Überhitzung
des mittleren Bodenteiles.

Im Protosmotor war die Höhe der Verdichtung bei den im unteren
Bild mit T. bezeichneten 6 Sätzen Aluminiumkolben thermisch begrenzt. Höhere Verdichtungsgrade sind bei diesen Kolben in
den Vorversuchen versucht worden, ergaben aber keine wirtschaftlichen Vorteile, meistens einen Leistungsab-

f a l l. Diese thermische Begrenzung der Verdichtung war aber nicht durch Überhitzung der Kolben, sondern durch die Überhitzung der in den eisernen Zylinderverschraubungen angeordneten schlecht gekühlten Zündkerzen und durch die Z ü n d w i r k u n g d e r i n d e n E c k e n d e s f l a c h e n V e r b r e n n u n g s r a u m e s a n g e s a m m e l t e n heißen Verbrennungsgase hervorgerufen.

Ein Ausblick für weitere Verdichtungssteigerung ist bei diesem Motor nicht gegeben wegen der starken Eintauchtiefe des Kolbenkopfes in den sehr flachen Verbrennungsraum und der damit verbundenen Zerspaltung der Ladung.

Als **günstigster Verdichtungsgrad mit Leichtmetallkolben** ist im Lastwagenmotor und Personenwagenmotor unabhängig voneinander

5,7 fache Verdichtung

ermittelt worden, gegenüber $E = 4,15$ bzw. $4,84$ mit gußeisernen Kolben.

In den Ergänzungsversuchen ist wechselweise Benzol und teilfraktioniertes (petroleumhaltiges) Benzin verwendet worden. Dieses Benzin, welches leicht zum Klopfen des Motors Anlaß gibt, erforderte in den Motoren mit ungünstigem Verbrennungsraum eine Verminderung auf 5,2- bis 5,5-fache Verdichtung, während der Motorgang bei hochwertigen Verbrennungsräumen mit gut gekühlten Wandungsflächen auch bei 5,7 facher Verdichtung ganz einwandfrei war. Die Gültigkeit der ermittelten Verdichtungsgrade für andere Motoren ist von den thermischen Eigenschaften der Kolben, aber auch von der Bauart der Zylinder und der Füllung abhängig.

Die Verdichtungsgrade sind in den einzelnen Zylindern bei beiden Motoren ungleich (Bilder 26 und 27) infolge von U n t e r s c h i e d e n i m Z y l i n d e r g u ß. Die Abweichungen im Inhalt der einzelnen Verbrennungsräume haben bei steigender Verdichtung höhere Verdichtungsunterschiede zur Folge und müssen deshalb möglichst klein gehalten werden, weil gleichmäßiger und schwingungsfreier Motorlauf hiervon entscheidend abhängig sind.

Die höheren Verdichtungen erforderten allgemein eine U m r e g u l i e r u n g d e r V e r g a s e r f ü r b r e n n s t o f f ä r m e r e Gemische (kleinere Brennstoffdüsen). Der Motorlauf wurde e l a s t i s c h e r, die Verbrennung u n e m p f i n d l i c h e r und die N e i g u n g z u m A u s s e t z e n der Verbrennung bei Belastungs- und Drehzahlwechsel wesentlich geringer.

Motorleistungen und Brennstoffverbrauch.

Die bedeutende Verdichtungssteigerung, welche durch die niedrigen Betriebstemperaturen in den Böden der Leichtmetallkolben ermöglicht ist, verbessert die thermodynamische Grundlage der Motoren.

Dieser Fortschritt ist grundsätzlicher Art und findet seinen Ausdruck in a l l e n Betriebswerten des Motors.

Bild 28.

Motorleistung, Brennstoffverbrauch, Kühlwasserwärme, Abgastemperatur, Schmieröltemperatur, Motorreibung mit Aluminiumkolben Hirth B und Gußeisenkolben im 45-PS-Lastwagenmotor.

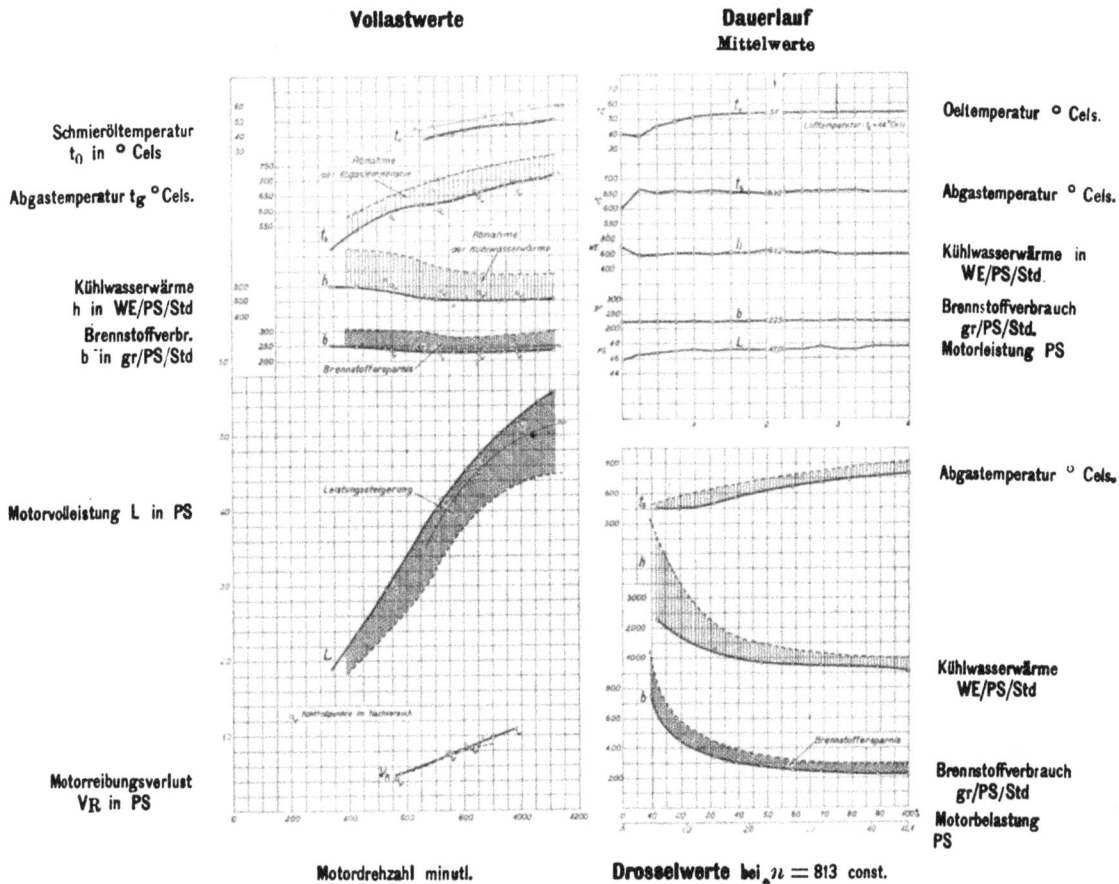

Die vollen Kurven gelten für Aluminiumkolben, die gestrichelten Kurven für Gußeisenkolben. Die schraffierten Flächen zeigen die Verbesserungen durch Aluminiumkolben.

Bild 28 zeigt als Beispiel die ermittelten Betriebswerte des 45-PS-Lastwagenmotors mit gußeisernen Kolben und mit den Aluminiumkolben Hirth B. In der l i n k e n Bildhälfte sind die Betriebswerte bei Motorvolllast im ganzen Drehzahlbereich, in dem r e c h t e n u n t e r e n Bildviertel die Betriebswerte bei konstanter Motordrehzahl und verschiedener Motorbelastung, ferner im r e c h t e n o b e r e n Bildviertel die Werte des vierstündigen Dauerlaufs dargestellt.

Die g e s t r i c h e l t e n Kurven zeigen zum Vergleich die Betriebswerte der gußeisernen Kolben.

Die Verbesserungen der Betriebswerte durch die Leichtmetallkolben
gegenüber gußeisernen Kolben sind durch Schraffur in Bild 28 hervor-
gehoben. Hiernach werden alle Betriebswerte des Motors bei allen Drehzahlen und Belastungen, also bei allen im praktischen Fahrbetriebe vor-
kommenden Betriebszuständen verbessert. Die Motorleistungen (L-Kurven)
sind im ganzen Drehzahlbereich beträchtlich höher bei gleichzeitiger be-

Bild 29.

**Leistungssteigerung mit Leichtmetallkolben im
45-PS-Daimler-Lastwagenmotor.**

Leistungswerte aus 4 stünd. Dauerlauf unter Vollast
bei 838 Umdr. i. d. Min.

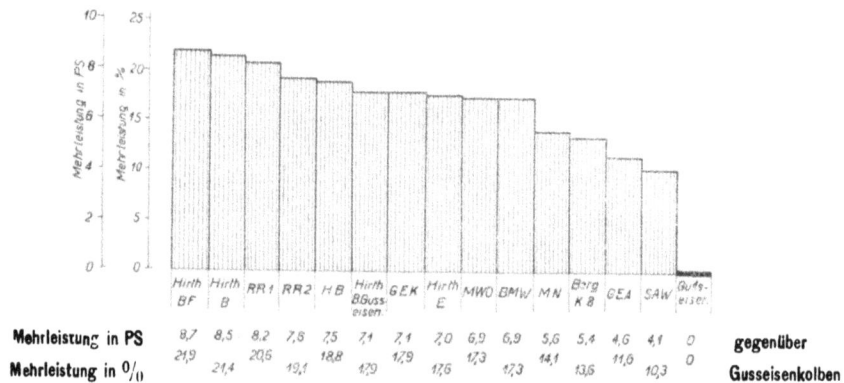

	Hirth BF	Hirth B	RR1	RR2	HB	Hirth BGuss-eisen	G.E.K	Hirth E	MWO	BMW	MN	Brg KB	GEA	SAW	Guß-eisen
Mehrleistung in PS	8,7	8,5	8,2	7,8	7,5	7,1	7,1	7,0	6,9	6,9	5,6	5,4	4,6	4,1	0	gegenüber
Mehrleistung in %	21,9	21,4	20,6	19,1	18,8	17,9	17,9	17,6	17,3	17,3	14,1	13,6	11,6	10,3	0	Gusseisenkolben

deutender Ersparnis an Brennstoff (b-Kurven). Zugleich sind aber auch die
Abgastemperaturen (tg-Kurven) und die Wärmeverluste im Kühlwasser
(h-Kurven) bedeutend niedriger. Bei abnehmender Motorbelastung, welche
geringerer Fahrgeschwindigkeit in der Ebene, Stadtfahrt usw. entspricht,
steigt die Brennstoffersparnis bis auf 35 % (Bild 28, rechtes unteres Bildviertel). Diese bedeutend gesteigerte Wirtschaftlichkeit des gedrosselt
laufenden Motors ist besonders wertvoll, weil hochwertige Fahrtleistungen
einen Leistungsüberschuß des Motors voraussetzen und daher die Motoren
unter den gewöhnlichen Betriebsverhältnissen gedrosselt laufen.

Die Vollastwerte (linke Bildhälfte) sind mit demselben Kolbensatz
mehrere Male in mehrmonatlichen Zeitabständen und nach wiederholtem
Ausbau der Kolben gemessen worden, um etwaige Empfindlichkeit des
Leichtmetallkolbens gegen Aus- und Einbau festzustellen. Alle Meßwerte
decken sich aber.

Das unterste Kurvenpaar in der linken Hälfte des Bildes 28 zeigt die gemessenen M o t o r r e i b u n g s v e r l u s t e des Lastwagenmotors mit gußeisernen und Leichtmetallkolben. Sowohl im Lastwagenmotor als auch im Personenwagenmotor ergaben alle untersuchten gußeisernen und Leicht- metallkolben gleich große Reibungsverluste.

Die Bilder 29 und 30 zeigen die in Dauerläufen des Lastwagen- motors ermittelte Leistungssteigerung und den Brennstoffverbrauch für alle erprobten Kolben.

Bild 30.
Brennstoffverbrauch des 45-PS-Lastwagenmotors mit Leichtmetallkolben und Gußeisenkolben.

Verbrauchswerte aus 4 stünd. Dauerlauf
unter Vollast bei 838 Umdr. i. d. Min.
Brennstoff : Benzol.

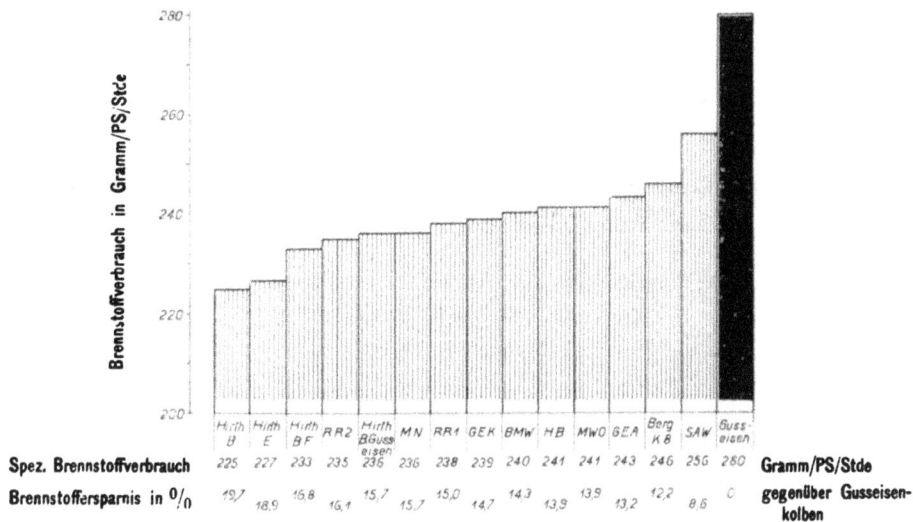

	Hirth B	Hirth E	Hirth B F	RR2	Hirth BGuss eisen	MN	RR1	GEK	BMW	HB	MWO	GEA	Berg KB	SAW	Guss- eisen	
Spez. Brennstoffverbrauch	225	227	233	235	236	236	238	239	240	241	241	243	246	256	280	Gramm/PS/Stde
Brennstofferparnis in %	19,7	18,9	16,8	16,1	15,7	15,7	15,0	14,7	14,3	13,9	13,9	13,2	12,2	8,6	0	gegenüber Gusseisen- kolben

Im L a s t w a g e n motor haben a l l e Leichtmetallkolben Mehr- leistung und Brennstofferparnis ergeben. Die Werte der Leichtmetall- kolben sind aber u n t e r s i c h stark verschieden. Die besten Leicht- metallkolben ergaben:

8½ PS oder 21 % Mehrleistung
bei gleichzeitig 55 Gramm/PS-Stde oder 20 % Brennstofferparnis.

Im P e r s o n e n wagenmotor konnten n u r 5 L e i c h t m e t a l l - k o l b e n bessere Leistungen bis zu 5 % gegenüber gußeisernen Kolben er- reichen, a b e r a l l e Leichtmetallkolben haben e i n e B r e n n s t o f f - e r s p a r n i s bis zu 13 % ergeben. (Bilder 31 und 32).

Bild 31.

**Leistungsunterschiede der Leichtmetallkolben gegenüber Gußeisenkolben
im 10/30-PS-Protos-Personenwagenmotor.**

Leistungswerte aus 4 stünd. Dauerlauf unter Vollast
bei 1400 Umdr. i. d. Minute.

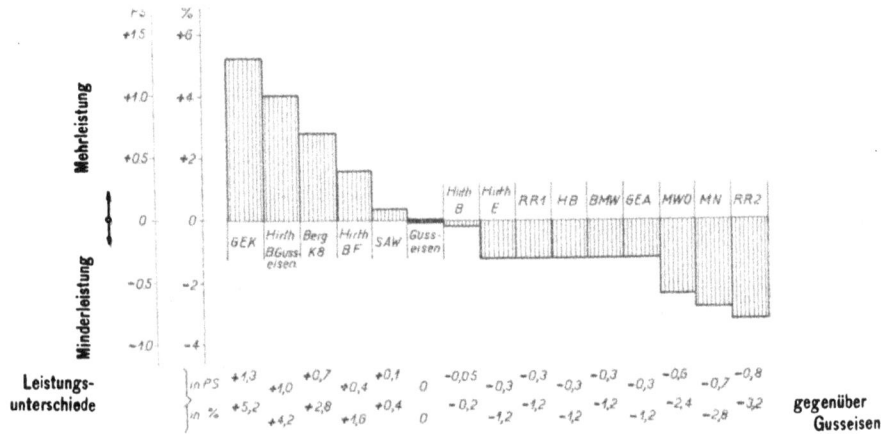

Bild 32.

**Brennstoffverbrauch des 10/30-PS-Personenwagenmotors mit
Leichtmetallkolben und Gußeisenkolben.**

Verbrauchswerte aus 4 stünd. Dauerlauf unter Vollast
bei 1403 Umdr. i. d. Min.
Brennstoff: Benzol.

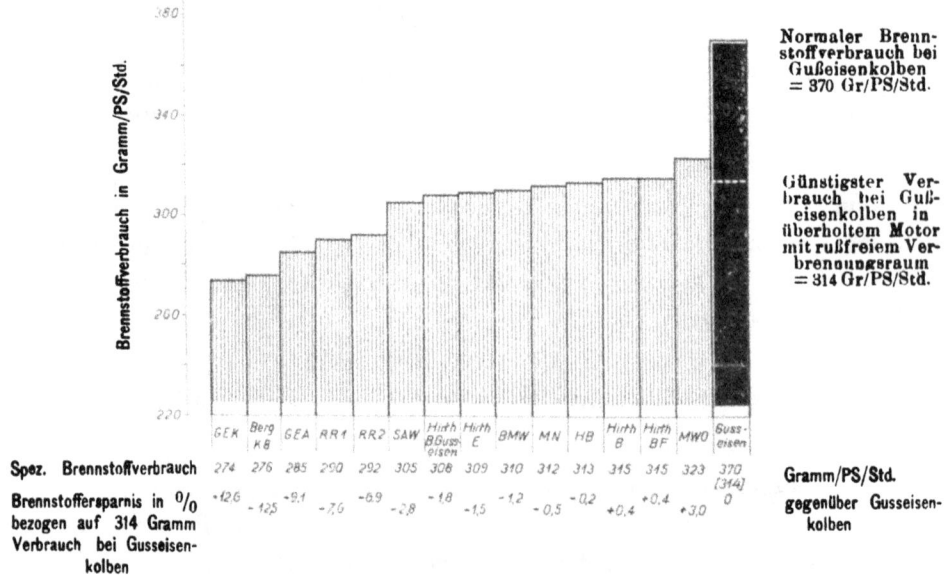

Ein Vergleich dieser Werte des Personenwagen-
motors mit denen des Lastwagenmotors zeigt sinnfällig den Einfluß
der Form des Verbrennungsraumes.

Der flache Verbrennungsraum beschränkt die Ausnutzung der thermischen Vorteile des Leichtmetalls.
Hier hat die Anwendung ausreichend hoher, den Eigenschaften des Leichtmetalls angepaßter Verdichtungen eine starke Zerspaltung der
Ladung (vgl. Bilder 69 u. 71) und damit eine verschlechterte Verbrennung zur Folge, durch welche die Verdichtungsvorteile in erheblichem Maße
wieder verloren gehen. Dieser Übelstand wird etwas kleiner bei lang-
hubigen Motoren derselben Bauart, da die Höhe der seitlich herausgebauten flachen Verbrennungsräume wächst, also günstiger wird, je langhubiger die Motoren sind.

Wärmeverluste im Kühlwasser.

Die Wärmebeanspruchung eines Motors im Betrieb mit den verschiedenen Kolben findet in der Höhe der Kühlwasserwärme ihren Ausdruck.
Wenn die mittlere Arbeitstemperatur im Motor und die Zylinderwand-
temperatur bei Verwendung anderer Kolben steigt, wächst entsprechend
die vom Kühlwasser aufgenommene Wärmemenge. Die gemessenen Wärmeverluste im Kühlwasser geben daher Aufschluß über die Wärmebeanspruchung der Prüfstandmotoren im Lauf mit Leichtmetallkolben gegenüber gußeisernen Kolben.

In den Bildern 33 und 34 sind die beim 45-PS-Lastwagenmotor und
30-PS-Personenwagenmotor gemessenen Wärmeverluste im Kühlwasser
für die Leichtmetall- und gußeisernen Kolben zusammengestellt. Hiernach
haben alle Leichtmetallkolben im Lastwagenmotor bedeutend geringere
Wärmeverluste, nämlich 742 bis 604 WE pro PS/Std ergeben, gegenüber
940 WE pro PS/Std bei gußeisernen Kolben. Dies entspricht einer größten
Abnahme der Kühlwasserwärme von 35 % bei den Leichtmetallkolben mit gleichzeitig bester Leistungssteigerung und höchster
Brennstoffersparnis.

Die Kühlanlage des Motors kann entsprechend kleiner bemessen
werden.

Im Personenwagenmotor waren aber die Kühlwasserwärmen aller
Leichtmetallkolben höher als die des gußeisernen Kolbens und zwar um
1 bis 17 %. Auch hierin kommt die ungünstige Form des Verbrennungsraumes zum Ausdruck. Die zerklüftete Ladung verbrennt schleppend und
unregelmäßig und erfordert die Anwendung ungünstiger Gemischzusammen-
setzung.

Bild 33.
Wärmeverluste im Kühlwasser des 45-PS-Daimler-Lastwagenmotors mit Leichtmetallkolben und Gußeisenkolben.

Werte aus 4 stünd. Dauerlauf unter Vollast bei 838 Umdr. i. d. Min.

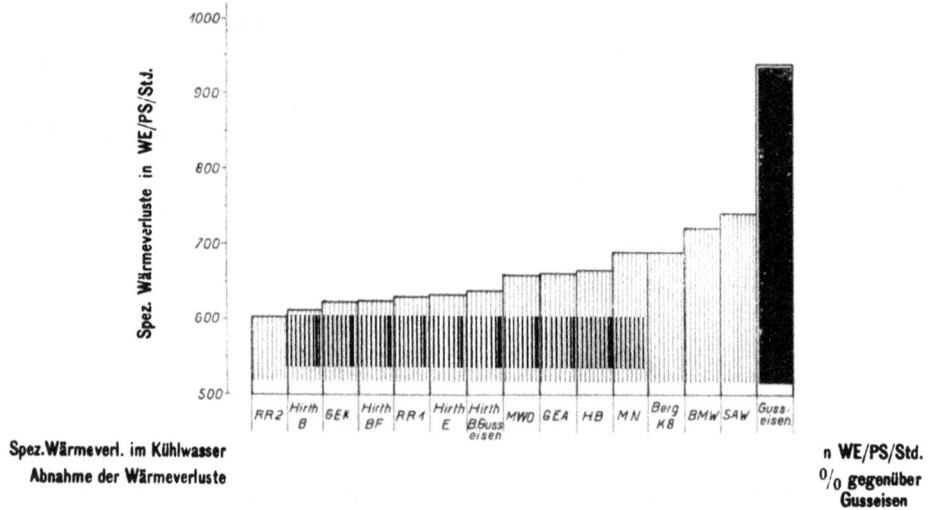

Spez. Wärmeverl. im Kühlwasser
Abnahme der Wärmeverluste

n WE/PS/Std.
% gegenüber Gusseisen

Bild 34.
Wärmeverluste im Kühlwasser des 10/30-PS-Protos-Personenwagenmotors mit Leichtmetallkolben und Gußeisenkolben.

Werte aus 4 stünd. Dauerlauf unter Vollast bei 1403 Umdr. i. d. Min.

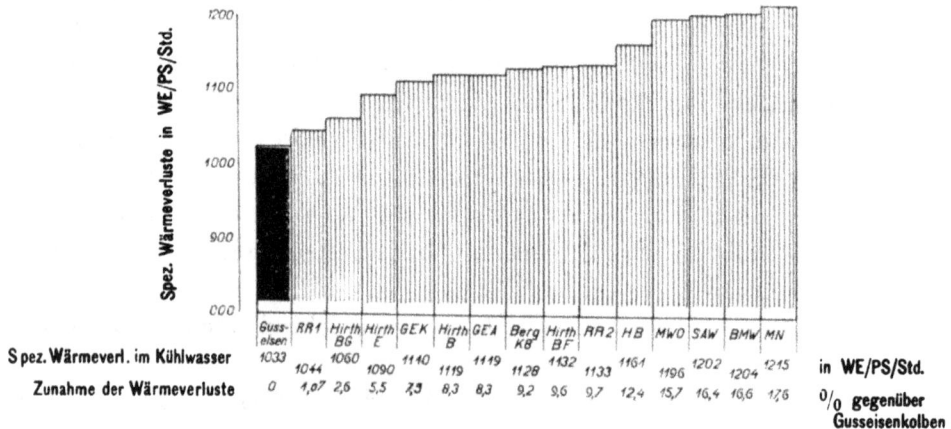

	Guss-eisen	RR1	Hirth BG	Hirth E	GEK	Hirth B	GEA	Berg K8	Hirth BF	RR2	HB	MWO	SAW	BMW	MN
S pez. Wärmeverl. im Kühlwasser	1033	1044	1060	1090	1140	1119	1119	1128	1132	1133	1161	1196	1202	1204	1215
Zunahme der Wärmeverluste	0	1,07	2,6	5,5	7,9	8,3	8,3	9,2	9,6	9,7	12,4	15,7	16,4	16,6	17,6

in WE/PS/Std.
% gegenüber Gusseisenkolben

Abgastemperaturen.

Wie aus den Bildern 35 und 36 ersichtlich ist, waren die Abgastemperaturen in den beiden Motoren bei Betrieb mit Leichtmetallkolben gegenüber gußeisernen Kolben bis über 100° niedriger. Dementsprechend ergeben die Leichtmetallkolben eine geringere Wärmebeanspruchung der Auslaßorgane, vor allem auch eine erhöhte Betriebssicherheit der Auslaß-ventile und niedrigere Temperaturen der Restgase im Zylinder.

Bild 35.

Abgastemperaturen des 45-PS-Daimler-Lastwagenmotors mit Leichtmetallkolben und Gußeisenkolben.

Temperaturwerte in 4 stünd. Dauerlauf unter Vollast bei 838 Umdr. i. d. Min.

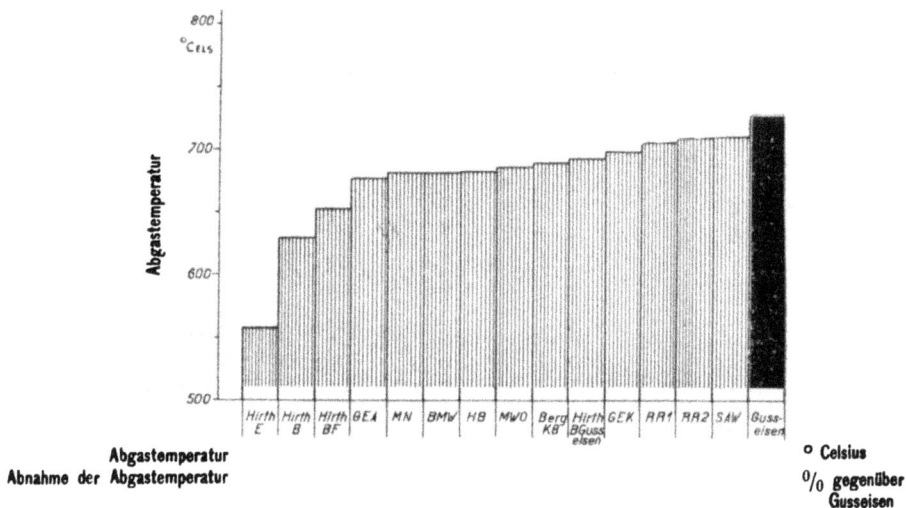

Bild 36.

Abgastemperaturen des 10/30-PS-Protos-Personenwagenmotors mit Leichtmetallkolben und Gußeisenkolben.

Temperaturwerte aus 4 stünd. Dauerlauf unter Vollast bei 1403 Umdr. i. d. Min.

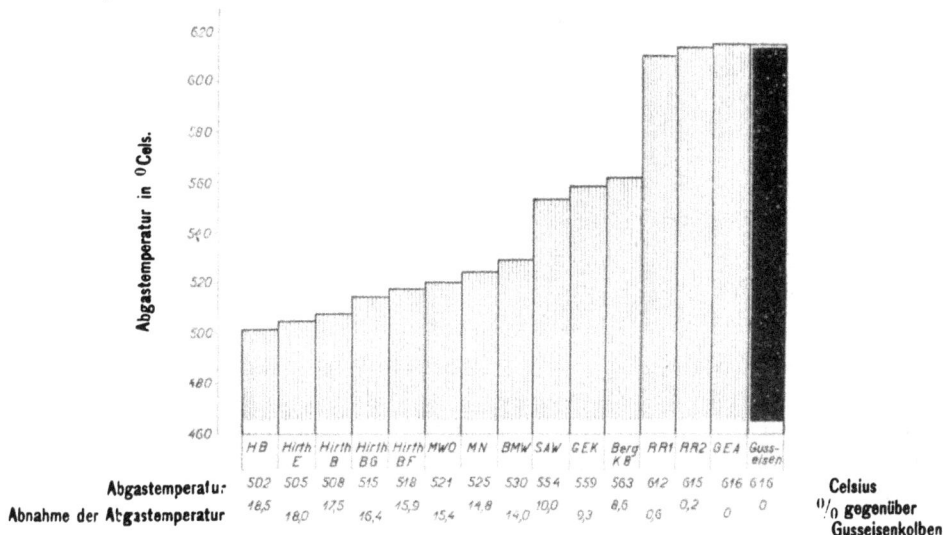

Schmierölverbrauch.

Der Schmierölverbrauch der beiden Prüfmotoren ist in den Dauerläufen der einzelnen Kolbensätze gemessen worden und in Bild 37 wieder-
gegeben. Bei den Leichtmetallkolben sinkt der Schmierölverbrauch auf

Bild 37.
Stündlicher Schmierölverbrauch im Dauerlauf unter Vollast
des

45-PS-Lastwagen-	10/30-PS-Personen-
motors	wagenmotors
$n = 838$	$n = 1403$

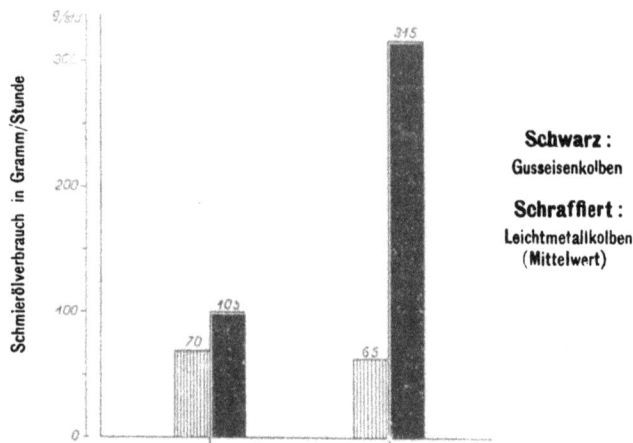

Schwarz: Gusseisenkolben

Schraffiert: Leichtmetallkolben (Mittelwert)

Bild 38.
Schmieröltemperaturen
bei Dauerlauf unter Vollast.

Lastwagenmotor	Personenwagenmotor
$n = 838$	$n = 1403$

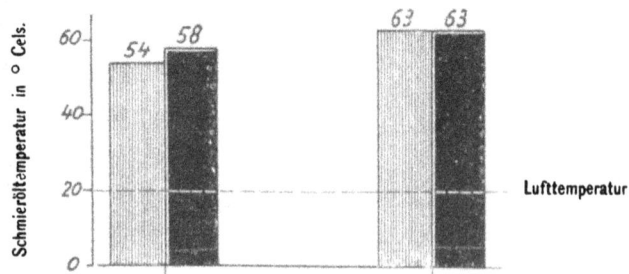

Lufttemperatur

Schwarz: Gusseisenkolben   **Schraffiert:** Leichtmetallkolben (Mittelwert)

durchschnittlich die Hälfte des Verbrauches bei gußeisernen Kolben. Der
Lastwagenmotor hat mit gußeisernen Kolben 105, mit Leichtmetallkolben
nur 70 Gramm/Std, der Personenwagenmotor mit gußeisernen Kolben 315,

mit Leichtmetallkolben nur 65 Gramm Schmieröl in der Stunde verbraucht.
In keinem Falle sind die Verbrauchsziffern der gußeisernen Kolben erreicht
worden.

Die Schmieröltemperaturen (Bild 38) in den Kurbel-
gehäusen der beiden Motoren waren bei den Dauerläufen aller Kolben annähernd gleich. Dieses Ergebnis ist zunächst überraschend, weil die Kolbenböden der gußeisernen Kolben im Betriebe so stark erhitzt sind, daß das
gegen die Unterfläche des gußeisernen Kolbenbodens geschleuderte Schmieröl aufgespalten wird und zum Teil verdampft. Im Betriebe der Motoren
mit gußeisernen Kolben entwichen starke Öldämpfe aus den Entlüftern der
Kurbelgehäuse, hingegen verschwand der Ölschwaden fast vollkommen bei
den Leichtmetallkolben.

Die für die Aufspaltung und Verdampfung vom Schmieröl aufgenommene Wärme wird aber nicht an das Ölbad abgegeben, sondern bleibt
teils latent und wird teils in dem aus dem Motor entweichenden Öldampf abgeleitet. Hiermit erklärt sich sowohl die Gleichheit der Schmieröltemperaturen als auch der niedrigere Schmierölverbrauch der Leichtmetallkolben.

Bild 39.
Aufnahme der Vertikalschwingungen des Lastwagenmotors in 2 Punkten.

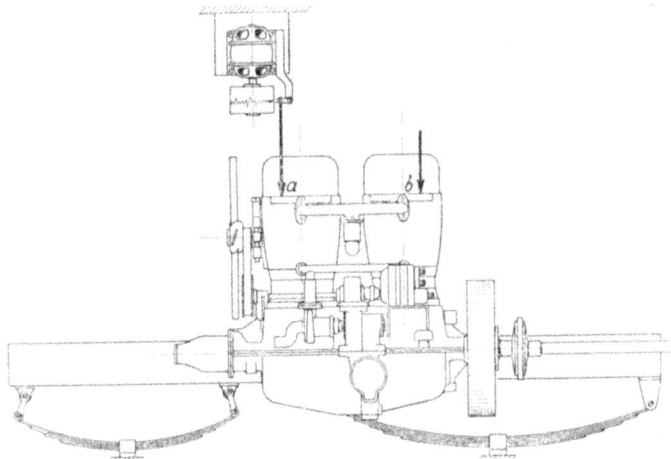

Motorschwingungen.

Um den Einfluß der veränderten Triebwerksmassen und Arbeitsdrücke
auf die Motorschwingungen festzustellen, sind die Vertikalschwingungen der
beiden Prüfstandmotoren in zwei Punkten, am vordersten und hintersten
Zylinder durch eine besondere Schreibvorrichtung graphisch aufgenommen
worden (Bild 39). Die Abfederung der die Motoren tragenden Prüfstand-
rahmen entspricht den Fahrzeugfederungen.

Bild 40.

Vertikalschwingungen des 45-PS-Daimler-Lastwagenmotors bei 800 Umdrehungen i. d. Min. und Vollast.

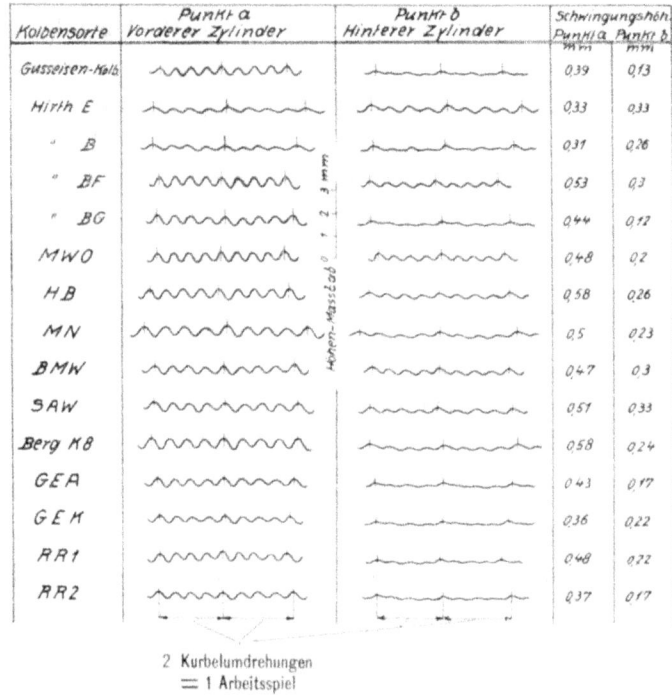

2 Kurbelumdrehungen
= 1 Arbeitsspiel

Bild 41.

Vergleich der größten Vertikalschwingungen des 45-PS-Daimler-Lastwagenmotors mit Leichtmetallkolben und Gußeisenkolben.

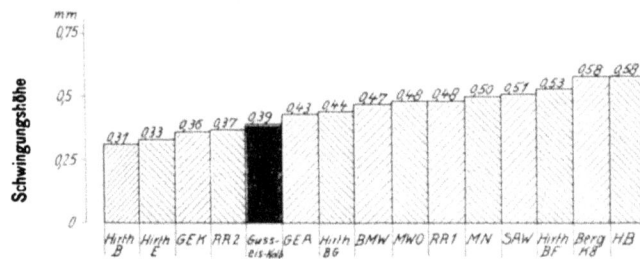

Die Bilder 40 und 41 zeigen die Vertikalschwingungen des Lastwagenmotors bei Lauf mit den verschiedenen Kolbensätzen für die gleiche Drehzahl und Vollast. Der gußeiserne Kolben steht mit 0,39 mm größter Schwingungshöhe an 5. Stelle, während die kleinste Schwingungshöhe bei Leichtmetallkolben 0,31 mm beträgt. In allen Schwingungsdiagrammen ist der starke Schwingungsimpuls des Zylinders mit höchster Verdichtung ausgeprägt, er kehrt nach je zwei Kurbelwellenumdrehungen also in jedem Arbeitsspiel wieder. Nach diesem Ergebnis bringen Leichtmetallkolben nur dann einen erschütterungsfreien Motorlauf, wenn die Arbeitsleistungen der einzelnen Zylinder gleich sind. Dies setzt aber u. a. gleiche Verdichtungsgrade, also gleich große Verbrennungsräume aller Zylinder voraus. Diese Forderung war bei den verwendeten Prüfstandmotoren, wie bei fast allen Motoren mit unbearbeiteten Verbrennungsräumen, nicht erfüllt (vgl. Abschn. Verdichtung). Die Verdichtungsgrade der vier Zylinder schwankten beispielsweise zwischen 5,35 und 5,70 (Bild 26, S. 48).

Temperaturgefälle und Wärmeaufnahme der Kolben.

Die im vorigen Abschnitt nachgewiesenen sehr bedeutenden Verbesserungen der Motorleistung, der Wirtschaftlichkeit und aller übrigen Betriebswerte durch Verwendung von Leichtmetallkolben finden ihre Begründung in den physikalisch - thermischen Eigenschaften der Baustoffe. Diese sind im Zusammenhang mit den Kolbenerprobungen im Motor für Gußeisen, 16 verschiedene Leichtmetalle und für Kupfer festgestellt worden. Diese planmäßige Nachforschung nach den Ursachen jener sinnfälligen Wirkungen des Leichtmetalls im Motorbetriebe hat sehr bemerkenswerte Aufschlüsse auf dem Gebiete der Baustoffkunde ergeben. Die außerordentlich große Bedeutung der thermischen Eigenschaften der Baustoffe, der Wärmeleitfähigkeit und Wärmeaufnahme, wird klargestellt. Auf diesen, bisher unbeachteten und unausgenutzten Baustoffeigenschaften beruht der gegenwärtige sprunghafte Fortschritt im Leichtmotorenbau.

Die Temperaturgefälle in Gußeisen- und verschiedenen Leichtmetallkolben und im Kupferkolben, welche mit der eingangs beschriebenen Wärmemeßvorrichtung ermittelt wurden, sind in Bild 42 veranschaulicht.

Der Wärmefließweg von Mitte Kolbenboden bis zum unteren Schaftende ist als Abszisse gewählt. Über dieser sind die im Kolbenkörper an 10 verschiedenen Stellen gemessenen Temperaturen als Ordinaten aufgetragen. Alle Kolbentemperaturen in Bild 42 sind in den Kolben von 120 mm $\emptyset$ gemessen und gelten für eine konstante Gastemperatur im Verbrennungsraum von 300° C und eine mittlere Temperatur des Zylinderkühlwassers von 20—24° C.

Der gußeiserne Kolben hat ein sehr starkes Temperaturgefälle. Die Temperatur ist in der Mitte des Kolbenbodens sehr hoch und nimmt nach dem Bodenrand hin und im oberen Teil des Kolbenschaftes bis in Höhe des Kolbenbolzens gleichmäßig stark ab. Von dort ab bis zum unteren Kolbenschaftende ist der Temperaturabfall gering.

Bild 42.

Temperaturgefälle in Gußeisenkolben, Leichtmetallkolben und Kupferkolben.
bei 300 ° Cels. konst. Verbrennungsraumtemperatur und 22 ° Cels.
Kühlwassertemperatur im Zylinder.

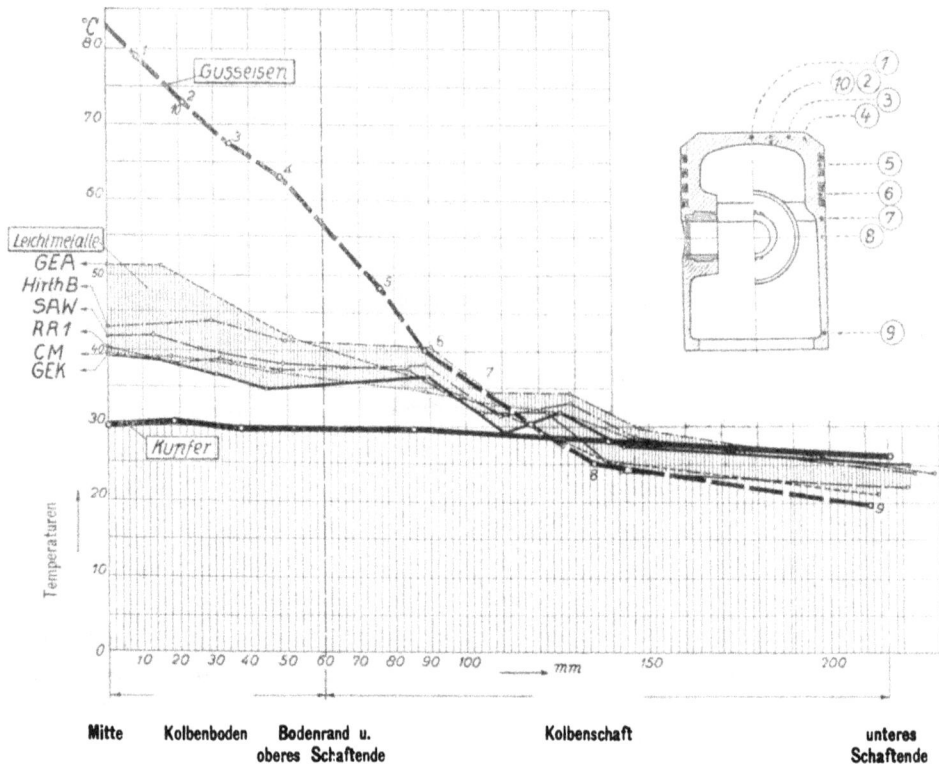

| | Mitte | Kolbenboden | Bodenrand u. oberes Schaftende | | Kolbenschaft | | unteres Schaftende |

Betrachtet man hierzu die Kolbenform (Bild 20 auf S. 39), so fällt auf, daß sich weder der Bodenrand zwischen den Meßstellen 4 und 5, bei welchem der Wärmeübergang zum Zylinder beginnt, noch die Verjüngung des Kolbenschaftes unterhalb der Dichtungsringe bei der Meßstelle 7 in der Temperaturkurve des Gußeisenkolbens ausprägen. Hieraus muß man auf eine geringe Wärmeableitung durch die Kolbenringe schließen. Der Wärmehauptstrom fließt vom Boden durch den inneren Teil des genuteten Schaftes.

Die Stege zwischen den Ringnuten und am Bodenrand leiten Wärmezweigströme ab, welche in ihrer Stärke den Steghöhen entsprechen. Da der gußeiserne Kolben einen Bodenrandsteg von nur 5 mm Höhe hat, und die Stege zwischen den Ringnuten 6 mm hoch sind, muß der Temperaturabfall im Kolbenschaft stetig verlaufen, und zwar bis zu einer Stelle des unteren Schaftes, bei welcher der größte Teil der Wärme aus dem Kolben zum Zylinder übergetreten ist. Diese untere Übergangsstelle liegt um so tiefer, je stärker der Wärmefluß im Kolben ist.

Im Kolben aus reinem Elektrolytkupfer (unterste Kurve in Bild 42) ist das Temperaturgefälle nahezu Null, und die Temperatur sehr niedrig. Für die konstante Gastemperatur im Verbrennungsraum von 300° C und 24° C Kühlwassertemperatur hat der Kolbenboden des Kupferkolbens von Mitte bis zum Bodenrand eine gleichmäßige Temperatur von nur 30° C gegenüber 83° C in der Bodenmitte und 57° C am Bodenrand des gußeisernen Kolbens. Selbst der Boden rand des Gußeisenkolbens ist also noch doppelt so heiß wie im Kupferkolben. Der Temperaturabfall vom oberen bis zum unteren Kolbenschaftende beträgt beim Gußeisenkolben 38° C, beim Kupferkolben nur 5° C.

Im Kupferkolben ist also die Forderung kleinsten Temperaturgefälles und niedriger Temperatur so vollkommen erfüllt, daß der mittelbar gekühlte Kolbenboden hinsichtlich seines Wärmezustandes einer unmittelbar gekühlten Fläche gleichkommt. Die Temperaturen im Kupferkolben sind Idealwerte, welche bei den Leichtmetallen angestrebt werden. Alle Leichtmetallkolben haben eine sprunghafte Verbesserung gegenüber den Gußeisenkolben ergeben, sie zeigen aber unter sich noch bedeutende Unterschiede (eng schraffierte Fläche in Bild 42). Die besten Werte, d. i. die niedrigste und gleichmäßigste Bodentemperatur, sind von der Legierung Elektron GEK mit Cu-Gehalt erreicht worden und von den Idealwerten des Kupferkolbens nicht mehr weit entfernt. Dagegen hat die Legierung Elektron GEA mit Al-Gehalt die schlechtesten Werte, nämlich hohe Bodentemperatur und stärkeres Temperaturgefälle. Die Legierung Elektron CM, welche weder Al noch Cu enthält, hat günstige, dem GEK ähnliche Werte ergeben.

Zwischen der GEK- und GEA-Kurve liegen die Temperaturkurven aller untersuchten Aluminiumlegierungen.. Diese sind nur unwesentlich voneinander verschieden, trotz der großen Unterschiede der untersuchten Aluminiumlegierungen im Kupfergehalt (5,9—15,7 %). Unter den Aluminiumlegierungen zeigt RR 1 mit 12 % Cu-Gehalt die günstigste Temperaturkurve.

Bild 43 zeigt die Temperaturen im Gußeisen-, Aluminium- und Elektronkolben bei beruß ten und reinen Kolbenböden. Hiernach werden sowohl die Gußeisen- als auch die Leichtmetallkolben bei berußtem Kolbenboden wesentlich heißer. Diese Temperatursteigerung (schraffierte

Flächen in Bild 43) beträgt in den Bodenmitten 30° C beim Gußeisenkolben, aber nur 18° C bei den Leichtmetallkolben. Zugleich mit dem
Kolbenboden wird auch der Kolbenschaft bis zum unteren Ende wärmer.

Der höhere Wärmezustand des berußten Kolbenbodens verursacht
gelegentlich Störungen des Motorlaufs. Man ist aus wirtschaftlichen Grün-

Bild 43.

**Temperaturgefälle in Gußeisenkolben und Leichtmetallkolben
bei berußtem und reinem Kolbenboden.**

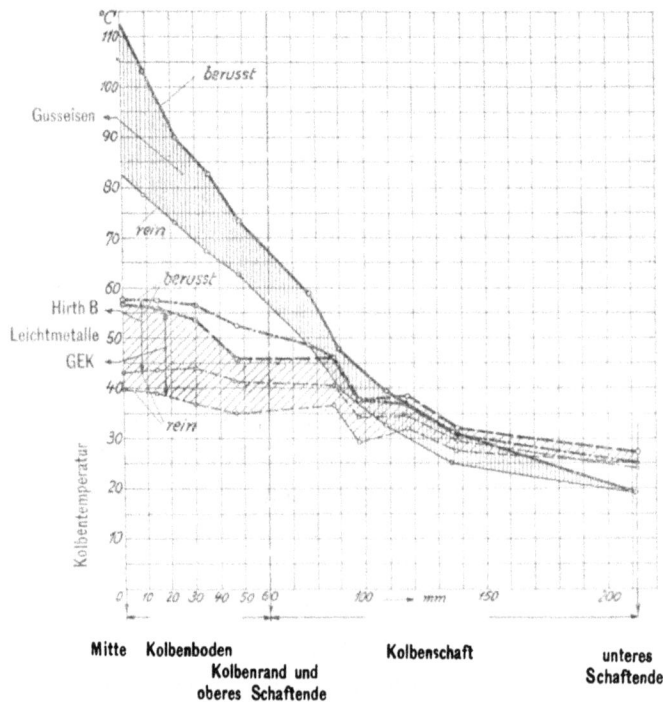

den bestrebt, die Verdichtung bis nahe an die Grenze der Selbstzündung
zu steigern. Diese Grenze ist durch die Ladungstemperatur und den Wärmezustand der Wandungsflächen des Verbrennungsraumes bestimmt. Große
Schwankungen im Wärmezustand bedingen deshalb einen entsprechend
großen Sicherheitsabstand von der größtmöglichen Höchstverdichtung.

Wendet man Verdichtungsgrade an, welche sich als die günstigsten
bei unberußten Wandungen des Verbrennungsraumes ergeben, so tritt nach
einiger Betriebszeit zunächst das „Zucken" des Motors als Zeichen be-
ginnender Frühzündungen, dann durch die stärker werdenden Frühzündungen „Klopfen" auf.

Diese Betriebsstörungen sind durch den Rußniederschlag verursacht,
welcher den Wärmezustand der Wandungen des Verbrennungsraumes und

damit die Ladungstemperatur während der Verdichtung bis über die Selbst-
zündungsgrenze steigert. Der praktische Fahrbetrieb mit den langen Lauf-
zeiten des Motors ohne Reinigung der inneren Motorteile läßt deshalb nur
so hohe Verdichtungen zu, daß die Frühzündungen („Klopfen") auch bei
berußtem Verbrennungsraum noch nicht auftreten.

Bild 44.
Gußeisenkol-
ben mit Über-
hitzungszone
im mittleren
Teil des Bodens.

‚ Der in der Wärmeuntersuchung klargestellte außerordentlich günstige
Wärmezustand der Leichtmetallkolben ist auch an den im Motor gelaufenen
Kolben deutlich erkennbar. Bild 44 zeigt den gußeisernen Kolben des
Lastwagenmotors im Zustande nach dem Dauerlauf. Im mittleren Teile
des Kolbenbodens ist eine Glühzone durch die sehr hohen Betriebstemperaturen entstanden. Diese überhitzte Wandungsfläche des Verbrennungsraumes läßt nur eine mäßige Verdichtung zu (Bild 26, Seite 48)
und bedingt auch die Verwendung sauerstoffarmer, also unwirtschaftlicher
Gemische, bei welchen die Wärmebeanspruchung der Wandungen am
kleinsten ist. Diese Wirkungen des überhitzten Kolbenbodens schließen
also wirtschaftlichen Betrieb aus.

Am sinnfälligsten ist die Bedeutung der thermischen Metalleigen-
schaften an den Unterseiten der Kolbenböden gelaufener Kolben erkennbar.
Das Doppelbild 45 zeigt die Unterseiten eines gußeisernen Kolbens (links)
und eines Leichtmetallkolben (rechts im Bilde) im Zustande nach gleichen

5

Dauerlaufzeiten. Die Böden sind zur deutlicheren Wiedergabe von ihren Kolbenschäften abgeschnitten. Während der Leichtmetallboden nur eine schwachbraune Färbung aufweist, aber n i e d e r s c h l a g f r e i ist, hat sich am gußeisernen Kolbenboden infolge seiner hohen Betriebstemperaturen eine fast 2 mm starke Ölkohle angesetzt. Diese entsteht durch die Verdampfung und Aufspaltung des aus dem Kurbelgehäuse gegen den Kolben-

Bild 46.
Unterseiten gleichgroßer Kolbenböden nach gleicher Betriebsdauer.

Gusseisenkolben	Leichtmetallkolben
hat starken Ansatz von Ölkohle.	ist niederschlagfrei.

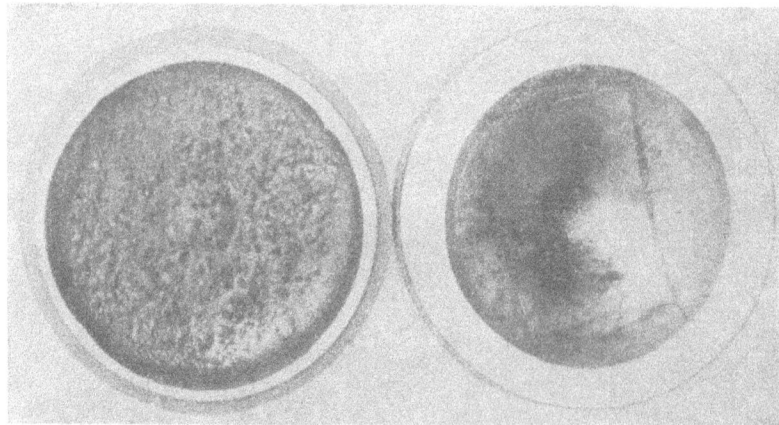

boden geschleuderten Schmieröles. Das Schmieröl wird kohlenstoffärmer und verliert dadurch nach verhältnismäßig kurzer Betriebszeit seine Schmierfähigkeit. Ein Teil dieser Ölkohle gelangt in das Ölbad des Kurbelgehäuses, versetzt die Poren des Ölfilters und verursacht das bei der Ölumlaufschmierung bekannte mattgraue Aufrauhen der Lagerflächen. Der Leichtmetallkolben beseitigt daher diesen Übelstand. Das Schmieröl bleibt rein und behält seine Schmierfähigkeit für lange Betriebsdauer. Die Betriebssicherheit und Lebensdauer der Triebwerkslager wird bedeutend erhöht.

Ein weiterer Vorteil des Leichtmetalls ist die Selbstreinigung von der Rußkruste. Die Rußkruste haftet schlecht an den Leichtmetallflächen und blättert stückweise ab, wie aus Bild 46 ersichtlich ist. Die in diesem Bilde dargestellten Kolbenböden sind nur glatt gedreht, nicht poliert. Das Polieren der Bodenfläche ist aber für lange Betriebsdauer vorteilhaft. Die helle Stelle auf dem rechten Kolbenboden rührt von der Einwirkung der Stichflamme her, welche an der Zündkerze entsteht und den Kolbenboden in Richtung der Zündkerzenachse trifft. Diese Erscheinung gibt wichtige Fingerzeige für die Anordnung der Zündkerze im Verbrennungsraum, auf welche später näher eingegangen wird.

Bild 46.

Kolbenböden von Leichtmetallkolben.

Abblätternde Fusskruste

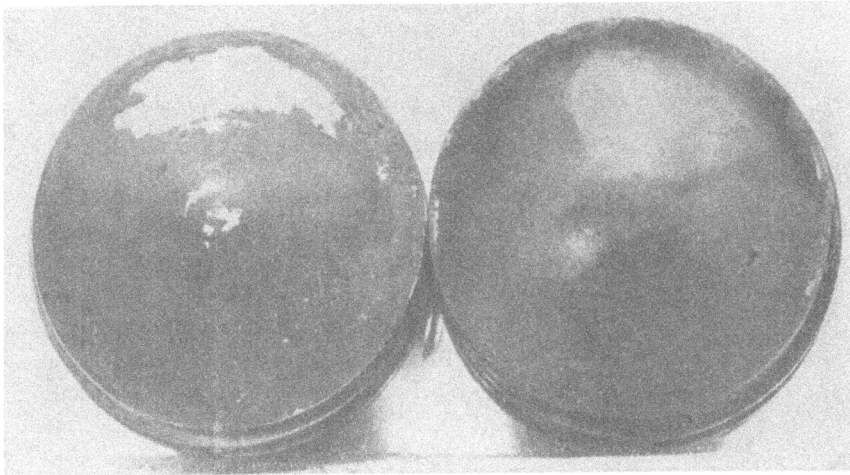

Die Wärmeaufnahme der Kolbenbaustoffe.

Die in den Wärmeuntersuchungen der Kolben gemessenen Wärmemengen, welche von gleichgroßen Kolben aus verschiedenen Baustoffen bei gleichen Gastemperaturen im Verbrennungsraum und gleichen Temperaturen des Zylinderkühlwassers aus dem Verbrennungsraum an den Kolbenboden übergehen, sind in Bild 47 zusammengestellt. Diese Wärmeaufnahme ist bei den einzelnen Kolbenbaustoffen sehr verschieden.

Die gußeisernen Kolbenböden nehmen sehr viel Wärme auf, mehr als doppelt so viel wie der Kupferkolben. **Die Wärmeaufnahme der Leichtmetallkolben liegt in der Mitte zwischen den Werten des Gußeisen- und Kupferkolbens und ist 30 % niedriger als bei Gußeisen.**

Die Leichtmetalle und Kupfer haben sowohl ein hohes Wärmeleitvermögen als auch eine geringe Wärmeaufnahme, während Gußeisen nicht allein ein schlechter Wärmeleiter ist, sondern auch die Wärme gierig in sich aufnimmt. Diese hochwertige thermische Doppeleigenschaft der Leichtmetalle ist für den Motorenbau von großer Bedeutung.

Die aus Leichtmetall hergestellten Wandungen des Verbrennungsraumes haben dadurch gleichmäßige und zugleich niedrige Betriebstemperaturen; sie vermindern die Wärmeverluste durch die Motorkühlung trotz der wesentlich niedrigeren Wandungstemperaturen und ermöglichen die Anwendung hoher Arbeitstemperaturen in der Ladung. Damit ist im Motor ein hochwertiger thermodynamischer Arbeitsprozeß ohne Gefahr der Überhitzung der den Verbrennungsraum umschließenden Motorteile durchführbar.

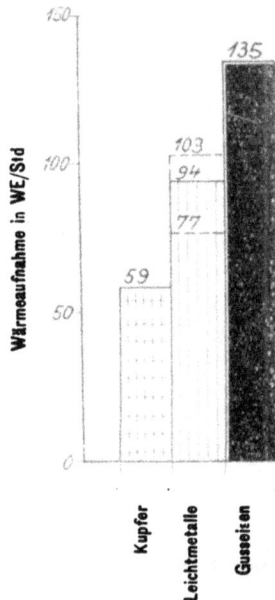

Bild 47.

Wärmeaufnahme gleichgroßer **Kupfer-, Leichtmetall-** und **Gußeisenkolben**

bei 300⁰ C konst. Temperatur im Verbrennungsraum und 22⁰ C Kühlwassertemperatur im Zylinder.

Die Wärmezahlen im Bild gelten für reine Kolbenböden. Die berußten Kolbenböden nahmen durchschnittlich die 2,6 fachen Wärmemengen auf.

Die Wirkung der thermischen Doppeleigenschaft der Leichtmetalle kommt auch in den für die einzelnen Kolben ermittelten Temperaturkurven, Bild 42, deutlich zum Ausdruck. Während im Gußeisenkolben infolge des schlechten Wärmeleitvermögens und der großen Wärmeaufnahme hohes Temperaturgefälle und hohe Betriebstemperaturen auftreten, ist in den Leichtmetallkolben sowohl das Temperaturgefälle klein, als auch die Betriebstemperatur ganz bedeutend vermindert, weil das Leichtmetall weniger Wärme aufnimmt und die aufgenommene Wärme rasch und ohne großen Fließwiderstand ableitet.

Die Laufeigenschaften der Kolben.

Die im vorigen Abschnitt gekennzeichneten hochwertigen thermischen Eigenschaften der Leichtmetalle sind im Motor nur ausnutzbar, wenn diesen Baustoffen durch geeignete Legierungen und besondere Herstellungs- und Bearbeitungsverfahren gute Laufeigenschaften und Widerstandsfähigkeit gegen starke Abnutzung verliehen werden. Die Güte des Kolbenlaufs und die Abnutzung der Laufflächen waren bei den einzelnen Kolbensätzen stark verschieden. Die besten Laufeigenschaften hatten die Kolben mit größter Kugeldruckhärte. Hierbei scheiden sich die untersuchten Leichtmetalle in zwei Gruppen. Zu der einen Gruppe gehören alle Legierungen mit Aluminiumgehalt, zu der zweiten Gruppe die Magnesiumlegierungen ohne Aluminiumgehalt.

Sobald Magnesium mit nennenswerten Mengen Aluminium legiert ist, rückt die Legierung in die Aluminiumgruppe ein. Diese scharfe Trennung nach dem Aluminiumgehalt ist in der starken Neigung des Aluminiums zum „Schmieren" in der Gleitfläche begründet.

Innerhalb jeder Gruppe war der Kolbenlauf mit höherer Kugeldruckhärte des Baustoffes besser. Guten Kolbenlauf hatten in den Erprobungen nur die Aluminiumlegierungen mit einer Mindesthärte = 100 und die aluminiumfreien Magnesiumlegierungen mit einer Mindesthärte = 60 kg/cm².

Bild 48.

Kugeldruckhärte der Kolbenbaustoffe.

$$H = \frac{\text{Kugeldruck } (= 500 \text{ kg mit } 0,5 \text{ cm } \varnothing \text{ Kugel})}{\text{Fläche des Eindruckkreises}}$$

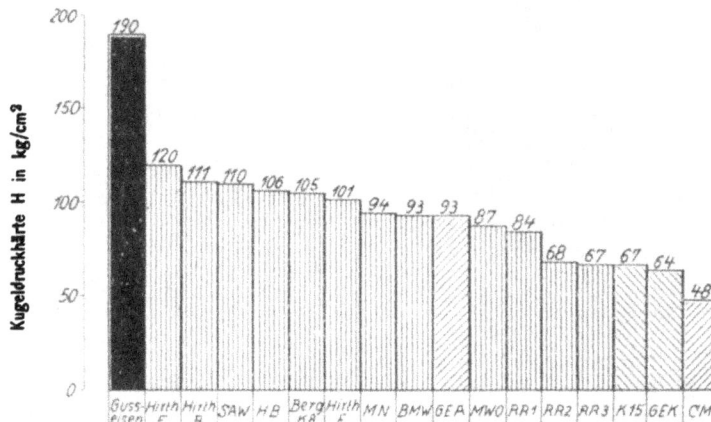

Wie aus Bild 48 ersichtlich ist, hatten die untersuchten Legierungen große Härteunterschiede. Gußeisen steht mit einer Härte von 190 kg/cm² an erster Stelle. Diesem folgt als härtestes Leichtmetall die Aluminiumlegierung Hirth F mit der Härte 120. Die Härte der übrigen Aluminiumlegierungen nimmt bis auf 67, also um fast 50 % des Bestwertes ab. In der aluminiumfreien Magnesiumgruppe betragen die Härtezahlen 67 bis

48 kg/cm². Den niedrigsten Wert = 48 hat das fast reine Magnesium CM, während die Höchstwerte in dieser Gruppe von den Magnesiumkupferlegierungen erreicht werden. Die aluminiumhaltige Magnesiumlegierung GEA ist absolut bedeutend härter (H = 93) als die aluminiumfreien Magnesiumlegierungen. Diese Legierung rückt aber wegen ihres Aluminiumgehaltes in die Gruppe der Aluminiumlegierungen ein und müßte deshalb für guten Kolbenlauf eine Mindesthärte = 100 haben.

Bild 49.

Aluminiumkolben Hirth BF
im Zustande nach dem Dauerlauf.

Härte der Al-Legierung 120 kg/cm².
Einwandfreier Laufspiegel, geringe Abnutzung.
Maßzeichnung vgl. Bild 77.

Bild 50.

Aluminiumkolben RR 1
im Zustande nach dem Dauerlauf.

Härte der Al-Legierung 84 kg/cm².
Lauffläche zerrieben und stark abgenutzt.

Die Beziehungen zwischen Härte und Laufeigenschaft sind aus den Laufspiegeln der untersuchten Kolben deutlich erkennbar. Die Bilder 49, 50, 51, 52, 53 zeigen die Kolben im Zustande nach gleichen Dauerläufen.

Bild 51.

**Elektronkolben
GEK**

im Zustande nach
dem Dauerlauf.

Härte der Mg-Legie-
rung 64 kg/cm².
Einwandfreier Lauf-
spiegel, geringe Ab-
nutzung.

Maßzeichnung
vgl. Bild 70.

Bild 52.
Elektronkolben

GEK　　　　　　　　　　　　　　**GEA**

nach gleicher Betriebsdauer.

Geringe Abnutzung　　　　　　　　Stärkere Abnutzung

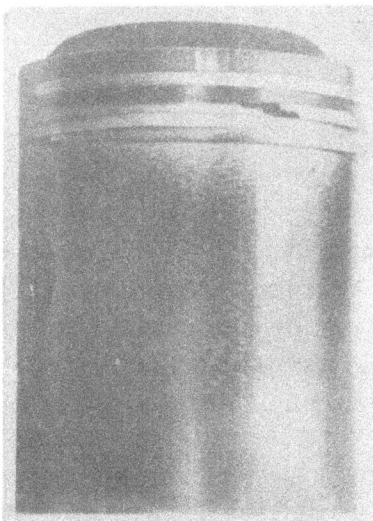

Maßzeichnung vgl. Bild 71.

Die Kolben aus der härtesten Aluminiumlegierung „Hirth F" (Bild 49) hat eine einwandfreie Lauffläche. Die tragenden Stellen des Schaftes sind gleichmäßig matt, die Abnutzung ist gering. Neigung zum Wandern des Baustoffes (Schmieren) in der Gleitrichtung ist nicht vorhanden.

Im Gegensatz hierzu zeigt der Kolben aus der weichen Aluminiumlegierung RR 1 (Bild 50) schlechte Laufeigenschaften. Die Lauffläche ist zerrieben und stark abgenutzt. Der Baustoff ist zu weich. Solche Kolben laufen nur einwandfrei, solange das Schmieröl geringe Betriebstemperaturen und entsprechend hohe Zähflüssigkeit besitzt. Die Schmierölschicht

Bild 53.

Gußeisenkolben des Protos-Personenwagen-motors im Zustande nach dem Dauerlauf.

Maßzeichnung vgl. Bild 20.

zwischen Kolbenschaft und Zylindergleitfläche ist aber um so weniger tragfähig und wird um so rascher zwischen den tragenden Flächenteilen verdrängt, je wärmer und dünnflüssiger das Schmieröl ist. Die metallische Berührung der Flächen an einzelnen Stellen ist dann unvermeidlich. Der weiche Baustoff versagt, sobald diese halbflüssige Reibung auftritt. Hiermit ist aber im Motorbetrieb immer zu rechnen. Erst wenn es durch Vervollkommnung der Schmierung gelingt, die ganzflüssige Reibung für alle Betriebszustände zu erhalten, verliert die Härte des Baustoffes seine heutige ausschlaggebende Bedeutung. Bild 51 zeigt den Kolben GEK aus aluminiumfreier Magnesium-Kupferlegierung. Die Forderung einer Mindesthärte von 60 ist bei dieser Legierung erfüllt. Der Laufspiegel ist einwandfrei und nur wenig abgenutzt. Die Laufeigenschaften sind gleichwertig mit denjenigen der Al-Legierung Hirth F (Bild 49). Die schwarzen Streifen auf der Schaftfläche rühren von Schwingungen der Schleifspindel beim Schleifen des Kolbenschaftes her. In dem Doppelbild 52 sind die Laufspiegel eines Magnesium-Aluminiumkolbens GEA mit der Härte = 93 und eines Magnesium-Kupferkolbens GEK mit der Härte = 64 miteinander verglichen. Die Abnutzung des ersteren (rechts im Bilde) ist trotz seiner größeren Härte wesentlich stärker als beim GEK-Kolben. Hat eine Legierung nennenswerten Aluminumgehalt, so läßt sich das Schmieren des Materials in der Gleitfläche und die damit verbundene starke Abnutzung nur durch hohe Härte von mindestens 100 kg/cm² verhüten. Der gußeiserne Kolben, Bild 53, hat einen einwandfreien Laufspiegel. Vergleicht man die Kolbenbilder miteinander, so bestehen zwischen dem Gußeisenkolben, dem härtesten Aluminiumkolben und dem Mg-Kolben GEK keine erheblichen Unterschiede hinsichtlich der Laufeigenschaften. Die Güte des Kolbenlaufes ist bei diesen Kolben gleichwertig.

Aus den Versuchsergebnissen tritt die Bedeutung der Härte des Baustoffes klar zutage. Je härter das Leichtmetall hergestellt werden kann, desto besser eignet es sich als Kolbenbaustoff. Gelingt eine weitere Steigerung der Härte, so werden nicht allein hochwertigste, bedeutend bessere Laufeigenschaften als beim Gußeisen erreicht, sondern die Frage der Kolbenbolzenlagerung, welche im späteren Abschnitt behandelt ist, findet damit ihre beste Lösung.

Die Legierungen und Struktur der Kolbenbaustoffe.

In Tabelle 54 sind die 16 untersuchten Leichtmetallegierungen zusammengestellt. Diese umfassen die unter Nr. 1 bis 10 aufgeführten 10 verschiedenen Aluminiumlegierungen mit 5,9 bis 15,7 % Kupfergehalt, 0 bis 3 % Zinn, 0 bis 3,4 % Eisen und 0 bis 3,4 % Silicium, ferner die unter dem Namen Silumin bekannten beiden Aluminiumsiliciumlegierungen Nr. 11 und 12 mit einem Siliciumgehalt von 11,4 und 15 %, welche aus siliciumreicher Tonerde unmittelbar hüttentechnisch hergestellt werden, ferner eine Magnesiumaluminiumlegierung Nr. 13 mit 12 % Aluminium. Diese 13 Legierungen gehören zu der im vorigen Abschnitt gekennzeichneten Gruppe der Aluminiumlegierungen. Die 14. bis 16. Legierung sind aluminiumfrei, und zwar Nr. 14 eine fast reine Magnesiumlegierung mit 0,1 % Calciumgehalt, Nr. 15 und 16 Magnesiumkupferlegierungen mit 13,5 und 15,4 % Kupfergehalt. Die Kolben waren aus diesen 16 Legierungen nach drei verschiedenen Arten hergestellt. 5 Sorten Aluminiumkolben Nr. 1

bis 5 waren in Kokille mit Eisenkern, 7 Sorten Aluminiumkolben Nr. 6 bis 12 in Kokille mit Sandkern gegossen und die 4 Sorten Magnesiumkolben in Matrizen gepreßt.

Bild 54.

Legierungen und Herstellungsart der untersuchten Leichtmetallkolben.

No.	Kennzeichen	Legierung									Kugeldruck-härte	Herstellungsart
		Al.	Cu.	Fe.	Si.	Zn.	Pb.	Sn.	Mg.	Ca.		
1	Hirth F	80,1	15,7	2,4	0,7	0,3	Spuren				120	Kokille mit Eisenkern
2	Hirth B	82,8	14,6	1,2	0,7	0,6	0,1				111	„ „
3	Hirth E	83,6	14	1,6	0,4	0,6					104	„ „
4	MN	87,5	10,4			3,0					94	„ „
5	SAW	87,1	5,9	2,7	3,4				0,9		110	„ „
6	RR1	84,5	12,3	1,1	1,8	0,1					84	„ mit Sandkern
7	HB	88,9	11,7								106	„ „
8	K8	86,3	11,2	1,2				1,5			105	„ „
9	BMW	88,5	10,8	1,5	0,1	0,1					93	„ „
10	MWO	88,9	7,5	3,4							87	„ „
11	RR2	88,5			11,4						68	„ „
12	RR3	85			15						67	„ „
13	GEA	12							88		93	gepresst
14	CM	0,4							99,5	0,1	48	„
15	GEK		13,5		0,3				86,2		64	„
16	K15		15,4		0,2				84,3		67	„

Die Aluminium- und Magnesiumlegierungen Hirth F bzw. GEK mit den besten Laufeigenschaften haben 15,7 bzw. 13,5 % Kupfergehalt. Nach dem im früheren Bild 42 dargestellten Temperaturgefälle werden die besten thermischen Eigenschaften sowohl von der Aluminium- als auch in Magnesiumlegierungen mit 12,3 bis 13,5 % Kupfergehalt, außerdem von der fast reinen Magnesiumlegierung erreicht. Demnach erscheint ein Kupfergehalt von etwa 12 % besonders günstig. Die Legierungen mit höherem und niedrigerem Kupfergehalt sind thermisch etwas schlechter. D i e U n t e r - s c h i e d e d e r t h e r m i s c h e n E i g e n s c h a f t e n h a l t e n s i c h a b e r i n s o e n g e n G r e n z e n , d a ß d i e L e g i e r u n g s b e s t a n d - t e i l e i n a l l e r e r s t e r L i n i e n a c h d e m G e s i c h t s p u n k t e g r ö ß t e r H ä r t e s t e i g e r u n g g e w ä h l t w e r d e n k ö n n e n . Die Aluminiumlegierung SAW hat mit nur 5,9 % Kupfergehalt eine verhältnis- mäßig hohe Härte = 110 erreicht, ihr Gefüge war aber nicht genügend dicht und von vielen feinen Poren durchsetzt, ihre thermische Eigenschaft sieht nach dem vorstehend gesagten etwas hinter den Legierungen mit 12 % Cu-Gehalt zurück (Bild 42).

Die Legierung ist für die Laufeigenschaften nicht allein maßgebend, sondern die Herstellungsart und Wärmebehandlung der Rohlinge sind stark mitentscheidend. D i e i n K o k i l l e n m i t E i s e n k e r n gegossenen

Kolben haben sowohl absolut als auch durchschnittlich die b e s t e n Härtewerte und dementsprechend gute Laufeigenschaften. Die g e - p r e ß t e n Kolben erhalten je nach Art und Stärke der Pressung verschiedene Härte. Diese Härtung ist eine überwiegend mechanische. Durch Pressen, Ziehen und gleichzeitige geeignete Wärmebehandlung erscheint eine wirksame Härtung der Rohlinge möglich.

Die großen Unterschiede in der Härte kommen auch im G e f ü g e der einzelnen Legierungen zum Ausdruck. Insbesondere sind die Gefügebestandteile in ihrer Größe wesentlich verschieden.

Doppelbild 55, 56 zeigt die Gefüge der beiden härtesten Aluminiumkupferlegierungen „Hirth F" und „Hirth B".

Die beiden Gefüge sind einander sehr ähnlich. Die großen hellen Bestandteile sind die bei der Kristallisation erstlich aus der Schmelze ausgeschiedenen A l u m i n i u m - K u p f e r - M i s c h k r i s t a l l e, welche nach den Untersuchungen von Gwyer (Zeitschr. f. anorg. Chemie 1908, Bd. 57) bis 4 % Kupfer enthalten können. Zwischen diesen Mischkristallen ist das dunkelgefleckte E u t e k t i k u m eingelagert, welches beim Erreichen der unteren Grenztemperatur (eutektischen Temperatur) aus dem am längsten flüssigen Teil der Schmelze als inniges Gemenge von Mischkristallen Al (Cu) und einer chemischen Verbindung Al_2Cu entsteht. Im Gefügebild der Legierung Hirth B ist der eutektische Aufbau infolge kräftiger Ätzung nicht deutlich erkennbar. Der nadelige Gefügebestandteil in den beiden Legierungen ist die Aluminiumeisenverbindung.

Charakteristisch für diese beiden härtesten Legierungen ist· die verhältnismäßig große Menge Eutektikum gegenüber den Mischkristallen.

Im Gegensatz hierzu ist das in dem Doppelbild 57, 58 dargestellte Gefüge der beiden w e i c h s t e n Aluminium-Kupferlegierungen MWO und RR 1, welche keine befriedigenden Laufeigenschaften ergeben haben, hauptsächlich aus den Al (Cu)-Mischkristallen und aus n u r w e n i g E u t e k - t i k u m [Al(Cu) + Al_2Cu] gebildet. Die bei MWO eingestreuten weißen Kristalliten sind bei der Erstarrung erstlich ausgeschiedene Aluminium-Eisenverbindungen.

Die nächsten Bilder (59 und 60) zeigen die Gefüge der beiden untersuchten „Silumin" (Al-Si)-Legierungen RR 2 und RR 3. Das Gefüge von RR 2 besteht aus den hellen erstlich ausgeschiedenen größeren Siliziumkristallen, welche in einer eutektischen Grundmasse (Si-Al-Eutektikum) eingebettet liegen.

Das Gefüge von RR 3 (Bild 60) ist eutektisch und hat bedeutend bessere Betriebswerte und bessere Laufeigenschaften als RR 2 ergeben, obwohl die Härten beider Legierungen nahezu gleich sind. Dieser Einfluß des Gefügeaufbaues bei gleicher Härte ist beachtenswert.

Bild 55.   **Bild 56.**

V = 200

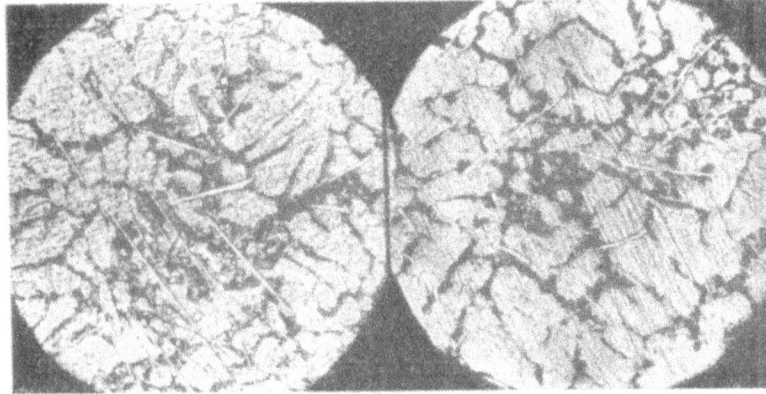

Hirth F
80,1 % Al, 15,7 % Cu, 2,4 % Fe,
0,7 % Si, 0,3 % Zn.
Härte = 120.

Hirth B
82,8 % Al, 14,5 % Cu, 1,2 % Fe,
0,7 % Si, 0,6 % Zn.
Härte = 111.

Guss in Eisenkokille mit Eisenkern.

Bild 57.   **Bild 58.**

V = 200

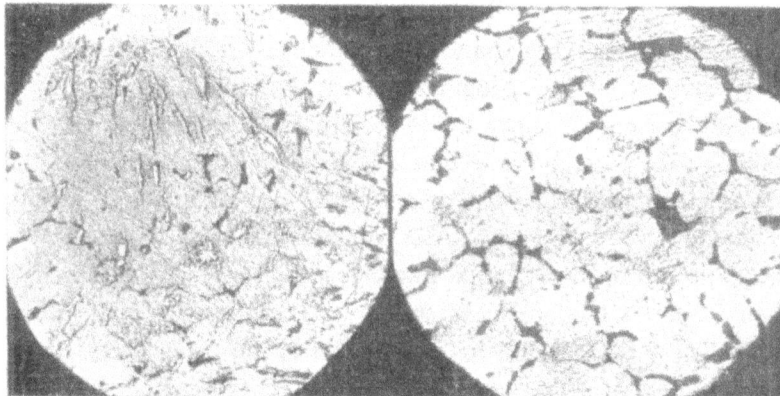

W M O
88,9 % Al, 7,6 % Cu, 3,4 % Fe,
Härte = 87.

RR 1
84,5 % Al, 13,5 % Cu, 1,1 % Fe,
1,8 % Si, 0,1 % Zn.
Härte = 84.

Guß in Eisenkokille mit Sandkern.

Das Gefüge der Magnesiumlegierungen ist aus den Bildern 61, 62, 63 und 64 ersichtlich. Die nahezu reine Magnesiumlegierung CM, welche zu weich ist und dementsprechend starke Abnutzung der Kolbenlauffläche ergab,

Bild 59.   Bild 60.

V = 200

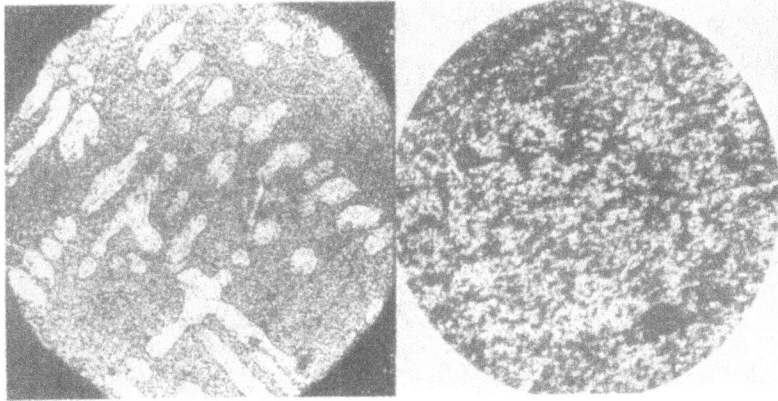

RR 2 (Silumin)   RR 3 (Silumin)
88,5 $^0/_0$ Al, 11,4 $^0/_0$ Si.   85 $^0/_0$ Al, 15 $^0/_0$ Si.
Härte = 68.   Härte = 68.

Guß in Eisenkokille mit Sandkern.

erscheint als helle aufgerauhte Grundmasse mit geringem aderartig einge-
lagertem Eutektikum (dunkle Bildstellen). Das Gefüge der Magnesium-
Kupferlegierung K 15 besteht aus den dunklen Magnesiumkristallen, welche
in dem hellen eutektischen Kristallgemenge (Mg + CuMg$_2$) eingebettet
sind. Das Material ist zum Kolbenrohling in der Matritze gepreßt. Die
gleichgerichtete Struktur rührt höchstwahrscheinlich von der Streckung
beim Pressen her.

Ein ähnliches Gefüge hat die Magnesium-Kupferlegierung GEK mit
13,5 % Cu-Gehalt (Bild 63). Das helle eutektische Kristallgemenge ist infolge
des geringeren Cu-Gehaltes der Legierung etwas geringer. Diese Mg-Cu-
Legierungen haben gute Laufeigenschaften und die besten Betriebswerte in
den Vergleichsversuchen erreicht.

Im Gefüge der Magnesium-Aluminiumlegierung GEA und 12 % Al-
Gehalt (Bild 62) besteht die Hauptmasse aus den primär ausgeschiedenen dunklen Magnesiumkristallen. Die weißen Teile im Gefüge
stellen nach den Untersuchungen von G r u b e das aus Magnesium und der
chemischen Verbindung Al$_3$Mg$_4$ bestehende Eutektikum dar, welches in verhältnismäßig geringen Mengen vorhanden ist. Die Menge der harten Al$_3$Mg$_4$-
Kristalle im Gefüge reicht zur Erzielung guter Laufeigenschaften nicht aus.

Bei allen untersuchten Leichtmetallegierungen aus Aluminium-Kupfer,
Aluminium-Silicium, Magnesium-Aluminium und Magnesium-Kupfer erscheint der e u t e k t i s c h e Bestandteil des Gefüges infolge seiner größeren

Bild 61.   Bild 62.

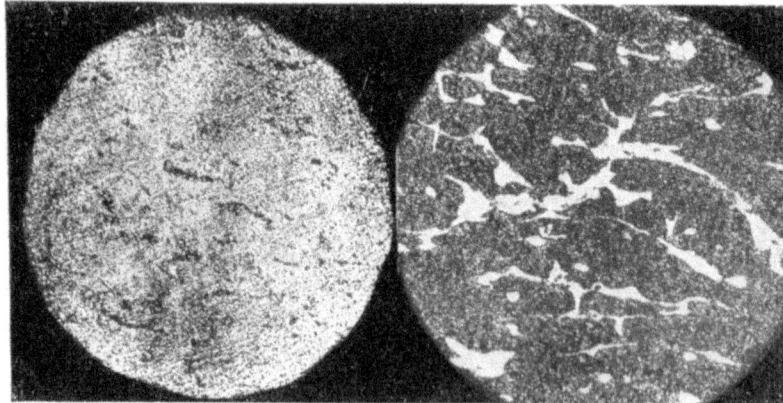

V = 200

CM
99,5% Mg, 0,4% Al, 0,1% Ca.
Härte = 48.

GEA
88% Mg, 12% Al.
Härte = 93.

In Matrize gepreßt.

Bild 63.   Bild 64.

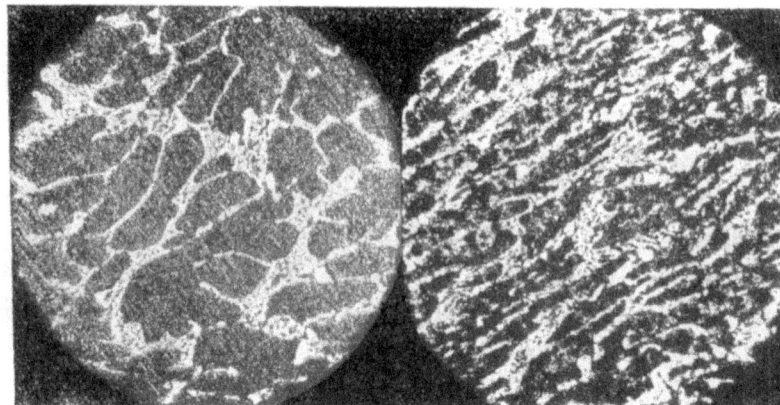

V = 200

GEK
86,2 % Mg, 13,5 % Cu, 0,3 % Si.
Härte = 64.

KIS
84,3 % Mg, 15,4 % Cu, 0,2 % Si.
Härte = 48.

In Matrize gepreßt.

Härte gegenüber den Primärkristallen als maßgebend für die Güte des Kolbenlaufes. Je reichlicher das Eutektikum und im Zusammenhang hiermit, je kleiner die Korngröße der in der Schmelze erstarrenden Primärkristalle ist, desto hochwertiger sind die motortechnischen Eigenschaften der Legierung.

Die nahezu reine Magnesiumlegierung CM und die Magnesium-Kupfer-Legierungen GEK und K 15, ferner auch die 12 %igen Aluminium-Kupferlegierungen hatten die besten t h e r m i s c h e n Eigenschaften, hingegen war die Magnesium-Aluminiumlegierung thermisch ungünstig (Bild 42, Seite 62). Betrachtet man im Zusammenhang hiermit die in den Untersuchungen von Grube (Zeitschr. f. anorg. Chemie 1905, Bd. 45) gekennzeichneten Eigenschaften der Magnesium-Aluminiumlegierungen, so scheint eine Veredelung der Leichtmetallegierungen für motortechnische Zwecke durch eine Legierungskombination Al-Mg-Cu möglich zu sein. Die Verbindung Al_3Mg_4, welche aus 55 % Mg und 45 % Al besteht, ist außeroredntlich hart und spröde und bricht bei heftiger Stoßbeanspruchung wie Glas. Mit abnehmender Konzentration nach der Aluminium- und der Magnesiumseite wird die Legierung weicher und zäher. Man hat daher hinsichtlich der Härtesteigerung bei den Magnesium-Aluminiumlegierungen einen weiten Spielraum. Die Grenze, welche hierbei durch die Sprödigkeit, also abnehmende Widerstandsfähigkeit gegen hohe Wechselbeanspruchungen gezogen ist, läßt sich nur durch Versuche feststellen. Die magnesiumreichen Legierungen entwickeln erfahrungsgemäß infolge ihres Gehalts an erstlich aus der Schmelze kristallisiertem freiem Magnesium bei Zutritt von Feuchtigkeit zum Metall Wasserstoff und zerfallen allmählich. Dieser Übelstand wird durch einen Fettüberzug verhütet. Die Ölschicht auf den Kolben im Motor schützt das Metall ausreichend. In besonderen, seltenen Ausnahmefällen, beispielsweise bei stärkerem Wasserzutritt zum Verbrennungsraum infolge undichter Zylinder oder Zylinderkopfdichtungen muß aber mit der Zersetzung der Legierungen, welche nennenswerte Mengen an freiem Magnesium enthalten, gerechnet werden. Die Aluminium-Magnesiumlegierungen, bei welchen Magnesium nur in gebundener Form auftritt, verdienen deshalb vor jenen den Vorzug, wenn ihnen motorisch günstige Eigenschaften verliehen werden können. Nach dem von Grube aufgestellten Schmelzdiagramm der Aluminium-Magnesiumlegierungen (Zeitschr. f. anorg. Chemie Bd 45, Seite 229) ist das Magnesium in den Al-Legierungen mit 0 bis 68 % Mg-Gehalt in Mischkristallen gebunden. Wegen der hohen Sprödigkeit des mittleren Konzentrationsgebietes wird aber nur die erste Legierungsgruppe mit bis zu 35 % Mg-Gehalt, welche bereits bei Magnalium Anwendung findet, vielleicht auch etwa 65 bis 68 % Mg-Gehalt für eine Al-Mg-Cu-Legierung in Frage kommen.

Die Ergebnisse der Untersuchung geben nach verschiedenen Richtungen Anregungen und Fingerzeige zur weiteren Verbesserung der Leichtmetallegierungen. Diese Verbesserungsmöglichkeiten in metallurgischer Hinsicht sind sowohl für die Aluminiumgruppe, als auch für die Magnesiumgruppe und ihre Kombinationen in weiten Grenzen vorhanden.

Die baulichen Eigenschaften der Leichtmetallkolben.

Kolbengewichte.

Die Gewichte der Leichtmetallkolben sind von der sorgfältigen Durchbildung der Kolbenkörper stark abhängig. Die beiden Bilder (65 und 66) zeigen die Gewichte der untersuchten einbaufertigen, mit Kolbenbolzen und Dichtungsringen versehenen Kolben. Die Leichtmetallkolben für den Lastwagen- und Personenwagenmotor wogen hiernach 2,1 bis 2,9 kg bzw. 0,6 bis 1,04 kg gegenüber einem Gewicht der gleichgroßen gußeisernen Kolben von 3,3 bzw. 0,85 kg. Vergleicht man die im Rahmen praktischer Ausführbarkeit sorgfältig durchgebildeten Leichtmetall- und Gußeisenkolben miteinander, so sind Aluminiumkolben 15 bis 25 % und Magnesiumkolben 25 bis 35 % leichter als Gußeisenkolben. Die Gewichtsersparnis nimmt mit größerem Kolbendurchmesser zu.

Bild 65.

Gewichte der Leichtmetallkolben und Gußeisenkolben des 45-PS-Lastwagenmotors.

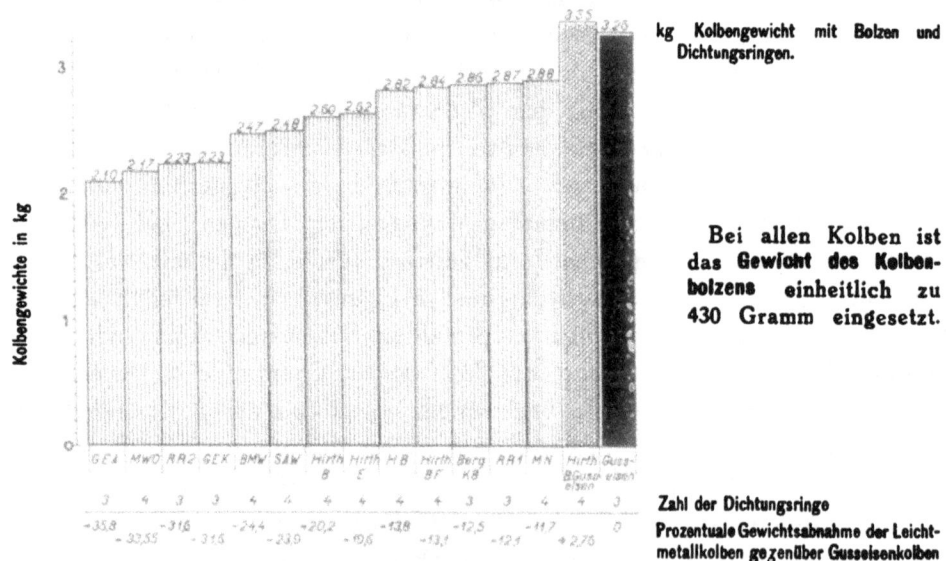

Die Gewichtsverminderung der Magnesiumkolben gegenüber den Aluminiumkolben verhält sich wie 2:3, entspricht also dem Verhältnis der spezifischen Gewichte.

Wie Bild 67 zeigt, sind die spezifischen Gewichte je nach den Legierungszuschlägen verschieden und betragen 1,74 bis 1,99 bei den

Magnesium-, 2,65 bei den Silumin- und 2,77 bis 3,13 bei den Aluminium-
kupferlegierungen, gegenüber 7,08 beim Gußeisen.

Bild 66.
Gewichte der Leichtmetallkolben und Gußeisenkolben des 10/30-PS-Personenwagenmotors.

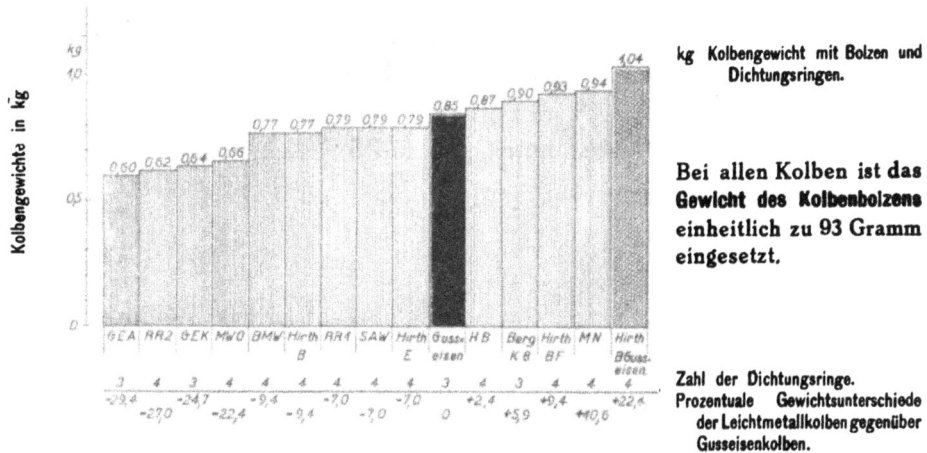

Kolbengewichte in kg

kg Kolbengewicht mit Bolzen und Dichtungsringen.

Bei allen Kolben ist das **Gewicht des Kolbenbolzens** einheitlich zu 93 Gramm eingesetzt.

GEA	RR2	GEK	MWO	BMW	Hirth B	RR1	SAW	Hirth E	Guss eisen	HB	Berg KB	Hirth BF	MN	Hirth B Guss eisen
0,60	0,62	0,64	0,66	0,77	0,77	0,79	0,79	0,79	0,85	0,87	0,90	0,93	0,94	1,04

Zahl der Dichtungsringe.
Prozentuale Gewichtsunterschiede der Leichtmetallkolben gegenüber Gusseisenkolben.

3	4	3	4	4	4	4	4	3	3	4	4	4
-29,4	-27,0	-24,7	-22,4	-9,4	-9,4	-7,0	-7,0	-7,0	0	+2,4	+5,9	+9,4	+10,6	+22,4

Bild 67.
Spezifische Gewichte der Kolbenbaustoffe.

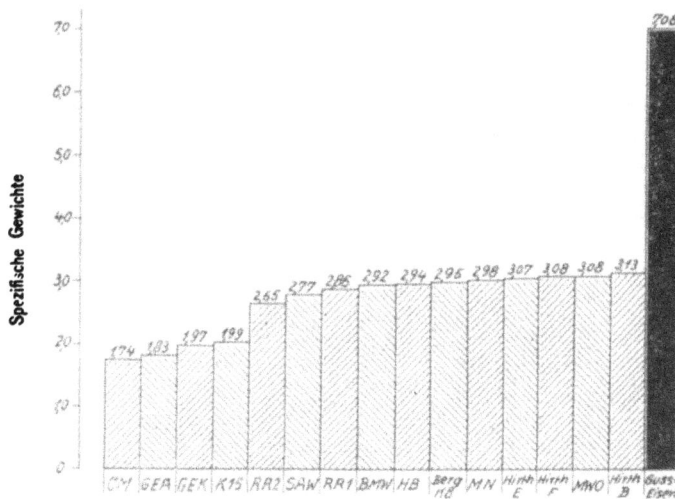

Spezifische Gewichte

CM	GEA	GEK	K15	RR2	SAW	RR1	BMW	HB	Berg HB	MN	Hirth E	Hirth F	MWO	Hirth B	Guss-eisen
1,74	1,83	1,97	1,99	2,65	2,77	2,86	2,92	2,94	2,95	2,98	3,07	3,08	3,08	3,13	7,08

Die sprunghafte Abnahme des spezifischen Gewichtes der Leichtmetalle gegenüber Gußeisen (von 7 auf 3 bis 2) kommt nur teilweise dem
Kolbengewicht zugute. Ein wesentlicher Teil wird zur Verbesserung des
Wärmezustandes ausgenutzt; dieser bedeutendste Vorteil wird aber noch
häufig in der Beurteilung der Kolbenfrage übersehen.

6

Die Rohlinge der Leichtmetallkolben sind durchschnittlich 40 bis 50 %
schwerer als die fertig bearbeiteten Kolbenkörper. Beim Kokillenguß mit
Eisenkern kommt man mit einer Zugabe auf den bearbeiteten Boden- und
Schaftflächen von 2÷3 mm aus. Die Kolben aus den besten Legierungen
hatten die Zugaben auf das praktisch zulässige geringste Maß beschränkt
und waren ohne verlorenen Kopf stehend (Boden oben) gegossen.

Bild 68 und 69.

Aluminiumkolben Hirth B
für
45-PS-Lastwagenmotor.   30-PS-Personenwagenmotor.

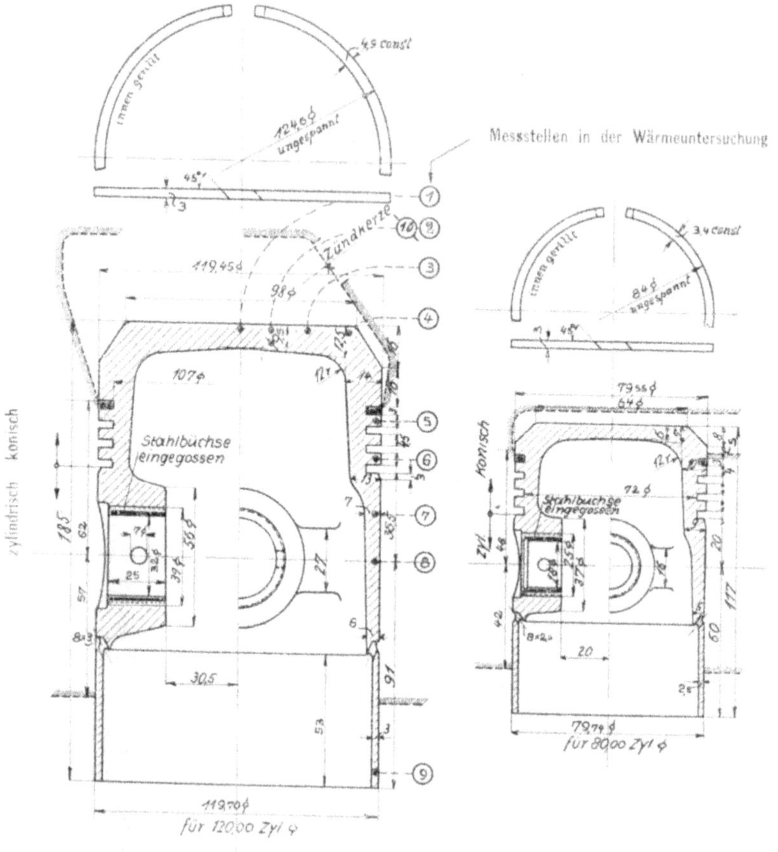

Die eingegossenen Büchsen müssen stärker gehalten werden (vgl. S. 94).

Kolbenform.

Die einfachsten Kolbenformen ohne Rippen haben in
jeder Beziehung die besten Werte ergeben. Die Bilder 68 und 69

zeigen gegossene Aluminiumkolben mit eingegossenen Stahlbüchsen in den Bolzenaugen, die Bilder 70 und 71 gepreßte Magnesiumkolben mit eingepreßten Büchsen. Diese beiden Kolbensorten haben im Wettbewerb auf Grund ihrer günstigen Betriebswerte den 2. bzw. 1. Preis erhalten. Beide Kolbenformen sind glatt, einfach herzustellen und zu bearbeiten.

Bild 70 und 71.

Elektronkolben GEK

für

45-PS-Lastwagenmotor.   **30-PS-Personenwagenmotor.**

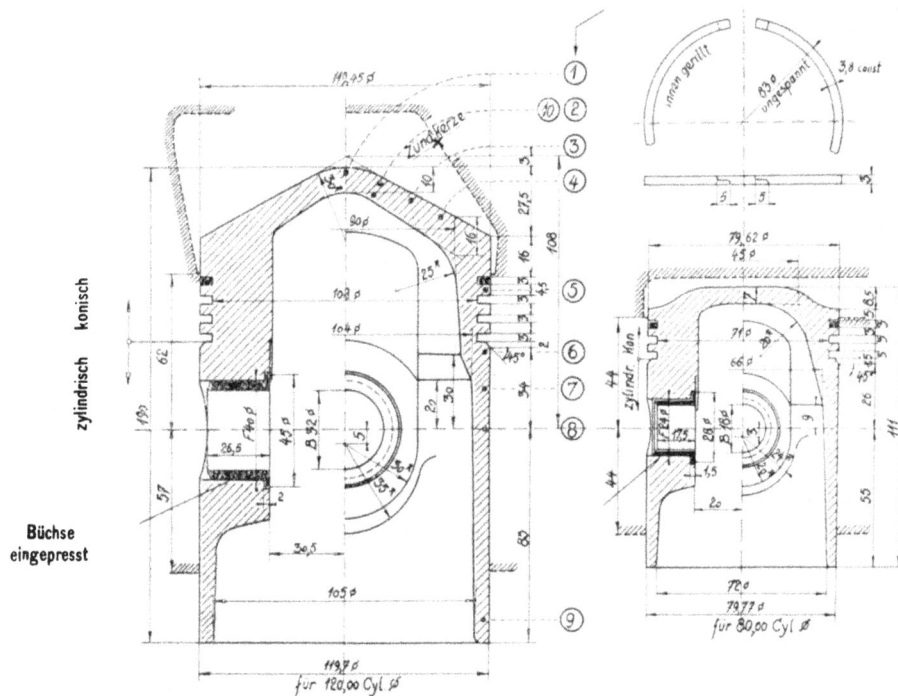

Betr. Oelbohrungen im Schaft vgl. Seite 67.

Die Kolbenböden von 80 bzw. 120 $\varnothing$ müssen in der Mitte mindestens 7 bzw. 10 mm stark sein. Da die wärmeaufnehmende Oberfläche des Kolbenbodens quadratisch, der wärmeleitende ringförmige Fließquerschnitt des Bodens aber nur linear mit dem Bodendurchmesser wächst, muß die Bodenstärke von der Bodenmitte aus nach dem Bodenrand proportional mit dem Halbmesser zunehmen. Da die Bodenmitte aus Sicherheitsgründen größere Stärke erhält als die Wärmeleitfähigkeit bedingt, und andererseits der Bodenrand für günstigen Wärmeabfluß möglichst sanft in den Schaft übergehen muß, erhält der Bodenrand in der praktischen Ausführung ungefähr die 1½ fache Stärke der Bodenmitte.

Für die Formgebung bestehen keine engen Grenzen. Grundsätzlich muß aber der Kolbenkörper als W ä r m e l e i t e r behandelt und für widerstandsfreien Wärmefluß von Bodenmitte bis zur Zylindergleitbahn gestaltet werden. Der Kolbenboden kann eben, gewölbt oder kegelig sein; in jedem Falle ist diejenige Bodenform die günstigste, bei welcher die Ladung am kompaktesten oder — mit dem sprengtechnischen Ausdruck bezeichnet — am „geballtesten" bleibt und bei welcher die an der Zündkerze eingeleitete Verbrennung auf dem kürzesten Wege durch das Zentrum der Ladung fortschreiten kann. Bei bestehenden Motorbauarten können diese Bedingungen nicht immer voll erfüllt werden. Wenn der Zylinder nicht geändert werden soll, läßt sich die für höhere Verdichtung notwendige größere Eintauchtiefe des Leichtmetallkolbens in den Verbrennungsraum in sehr vielen Fällen nur durch hochgezogene Kolbenböden erreichen. Bei den für die Untersuchungen benutzten Motoren liegt dieser Fall vor, und dadurch war die Kolbenbodenform (Bilder 68 bis 71, S. 82 u. 83) bedingt. Hierbei hat sich die hochgezogene flache Form gegenüber der Kegelform als günstiger erwiesen, aber n u r deshalb, weil der mittlere Teil des hochgezogenen Kegelbodens infolge seiner größeren Eintauchtiefe sich näher der Zündstelle vorlagert und die Fortpflanzung der Verbrennung zur Hauptmasse der Ladung behindert (vgl. die Bilder 70 und 46). Der rechte Kolbenboden in Bild 46, Seite 67, zeigt sehr deutlich die Stelle des Bodens, auf welche die Zündflamme auftrifft.

Um das Ausschlagen der Ringnuten bei Leichtmetallkolben zu verhüten, müssen die Dichtungsringe (Bild 72, oberer Ring) m ö g l i c h s t n i e d r i g sein. Der beim Hin- und Hergang auf die Nutenflanken wirkende Ringdruck P wächst mit dem Gewicht des Kolbenringes und dieses mit der Ringhöhe h, weil die Ringbreite b für alle Ringhöhen annähernd konstant bleibt. Der Ringdruck P auf die Flanken der Ringnuten ist daher proportional der Ringhöhe h, also bei niedrigen Ringen entsprechend klein. Für Leichtmetallkolben von Automobilmotoren sind Ringe von 3—4 mm Höhe empfehlenswert. Bei Flugmotoren, insbesondere Schnelläufern, sind bereits Ringe von nur 2 mm Höhe verwendet worden. Die Abmessungen der bei den besten Kolben verwendeten gußeisernen Dichtungsringe sind aus den Bildern 68 bis 71 ersichtlich. Der überlappte Ringstoß hat gegenüber dem glatten Schrägschnitt keine Vorteile ergeben. Die Ringnutenflanken sind natürlich um so widerstandsfähiger, je h ä r t e r die Leichtmetallegierung ist. Der Abstand s (Bild 72) zwischen den einzelnen Ringnuten ist reichlich, bei mittelgroßen Kolben mindestens 4 mm, zu bemessen.

um Formveränderungen und Nachgeben des Steges durch den Ring- und Gasdruck zu verhüten.

Der oberste Dichtungsring darf nicht über das obere Ende der Zylindergleitbahn überschleifen.

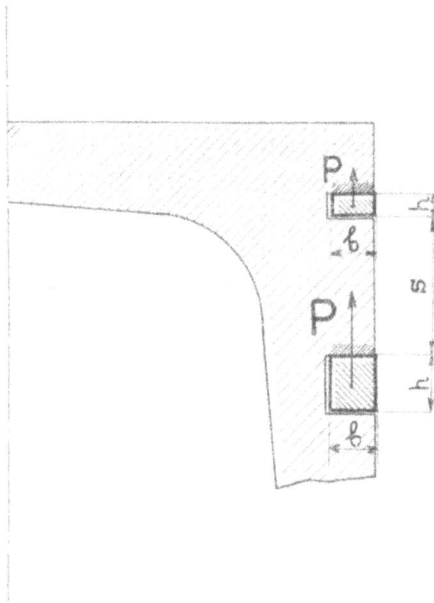

Bild 72.

Drücke auf die Flanken der Kolbringnuten bei verschieden hohen Dichtungsringen.

Die Zahl der Dichtungsringe hat sich bei dem Personenwagenmotor zu 3, bei dem Lastwagenmotor zu 4 als günstigste ergeben. Die Ringzahl hängt allgemein von den Umlaufgeschwindigkeiten der Motoren ab. Je rascher ein Motor läuft, desto geringer ist die Zeitdauer des Gasüberdrucks auf den durch die Ringe abzudichtenden Spalt. Hierdurch tritt bei sehr hohen Drehzahlen (der raschlaufenden Rennmotoren u. dgl.) eine selbstwirkende Dichtung des Kolbenspaltes ein, so daß in solchen Fällen zwei, in einigen Fällen sogar nur ein Dichtungsring genügt. Vergleichsversuche mit 3 und 4 Ringen beim Lastwagenmotor und Personenwagenmotor ergaben keine Unterschiede. Mehr Ringe anzuwenden hat keinen Zweck und nur Nachteile (größere Ringreibung, höheres Kolbengewicht, höhere Herstellungskosten usw.). Schlechttragende Dichtungsringe verursachen schwere Mißstände und müssen unbedingt vermieden werden. Sie geben keine ausreichende Spaltdichtung, und die in den Spalt eintretenden heißen Gase verdampfen das Schmieröl, trocknen und erhitzen die Gleitflächen. Der Kolbenlauf wird dadurch gefährdet, selbst wenn der Kolben die hochwertigsten Laufeigenschaften besitzt. Der Motorlauf wird schlecht und unregelmäßig infolge des starken Ölzutritts zum Verbrennungsraum und der durch das Schmieröl hervorgerufenen Störung der Verbrennung.

Die Gleitflächen der Kolben.

Die Schaftlänge der Leichtmetallkolben genügt in bei Gußeisenkolben gebräuchlichen Abmessungen zur Aufnahme der Führungsdrücke.
Zu weicher Kolbenbaustoff ist auch bei langen Kolbenschäften betriebs-
unsicher, weil Temperaturschwankungen im Kolben und Zylinder unvermeidlich sind und dadurch gelegentlich örtliche Überpressungen in der
Gleitfläche auftreten, welchen der Baustoff standhalten muß. Lange Kolbenschäfte vermindern aber das Kanten der Kolben um die Kolbenbolzenachse
(Bild 73), und zwar nimmt die Verkantungsstrecke K der Kolbenschaftenden
unter Annahme einer Lagerung des Kolbenbolzens auf Schaftmitte nach der

Bild 73.
Verkantungsstrecke verschieden langer Kolben.

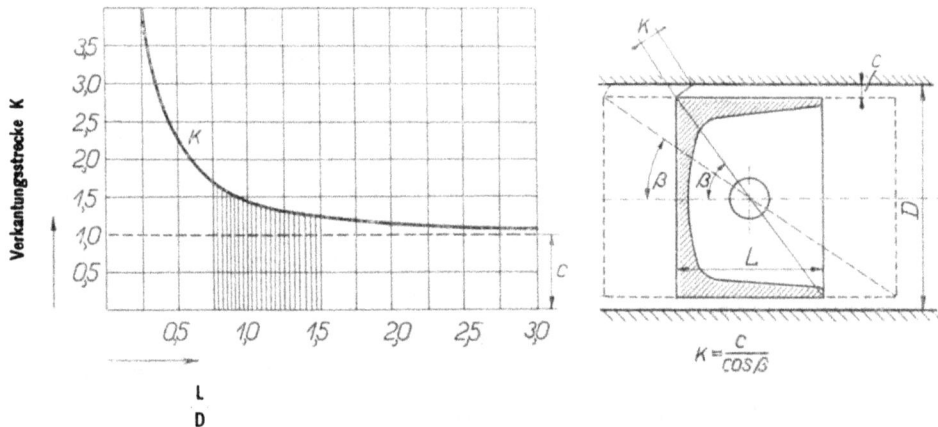

in Bild 73 dargestellten Kurve stark ab. Bei Flugmotorkolben ist man
mit der Schaftlänge bis auf 0,7 des Kolbendurchmessers heruntergegangen.
Hierfür beträgt die Verkantungsstrecke das 1,76 fache des halben Kolbenspieles c. Bei einer Schaftlänge vom 1,2- bis 1,3 fachen des Kolbendurchmessers, welche für Automobilkolben zu empfehlen ist, beträgt die Verkantungsstrecke nur das 1,3 fache des halben Kolbenspieles. Das „K l a p p e r n"
der Kolben, d. h. der Schlag der Kolbenkanten gegen die Zylinderwand,
hängt von der Verkantungsstrecke ab und nimmt mit dieser q u a d r a -
t i s c h zu. Die Verlängerung des Schaftes von 0,7 auf 1,3 $\varnothing$ vermindert
daher diese schädliche Nebenwirkung um nahezu die Hälfte.

Der Einfluß von Ölringnuten und Ölbohrungen im Kolbenschaft ist
durch besondere Vergleichsversuche im Lastwagenmotor festgestellt worden. Bild 74 zeigt das Ergebnis.

Für diese Versuche sind dieselben Leichtmetallkolben (K 15) mit un-
veränderlichem Spiel verwendet worden.

Die Anbringung von Ölbohrungen unter dem untersten Dichtungsring (Bild 74b) hat eine Leistungsverbesserung von 0,8 PS bei geringerem Brennstoffverbrauch ergeben. Die zweite Reihe Ölbohrungen in einer Ringnut im unteren Teil des Kolbenschaftes ist wirkungslos. Aus dem geringen Unterschied in den Abgastemperaturen zwischen Ausführung a, b und c ergibt sich nach den früheren Versuchen des Verfassers über Ölabstreifer, daß die im Kolbenspalt zum Verbrennungsraum durchtretende Ölmenge gleichgeblieben ist.

Bild 74.

Einfluß der Ölbohrungen im Kolbenschaft.

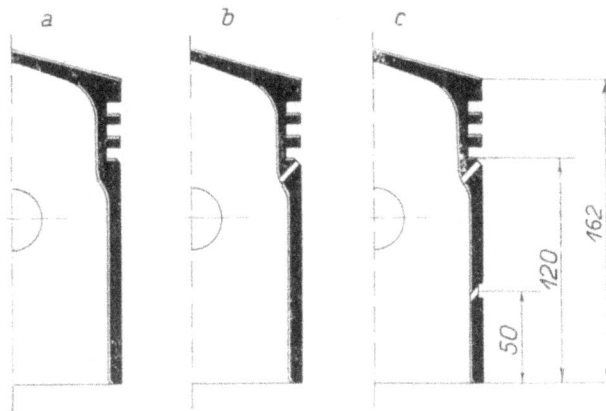

	glatter Schaft ohne Oelbohrungen	glatter Schaft mit 6 Oelbohrungen je 3,5 ⌀	genuteter Schaft mit 6 oberen und 8 unteren Oelbohrung. je 3,5 ⌀
Motorleistungen:	44,9	45,7	45,6 PS
Brennstoffverbrauch:	246	242	242 Gramm/PS/Std.
Abgastemperaturen:	512	528	525° Cels.

Motordrehzahl = 838 konst.

Die Ölbohrungen unter dem untersten Dichtungsring (Bild 74 b) fangen die vom Verbrennungsraum her in den Spalt gelangenden Gase ab und verhüten dadurch die Gasströmung und starken Spannungswechsel in der Ölschicht des tragenden Schaftteiles. Bei sehr gut dichtenden Dichtungsringen sind daher die Ölbohrungen wirkungslos. Dies war beispielsweise bei den Erprobungen des Personenwagenkolbens (Bild 71) der Fall, welcher ohne Ölbohrungen und Nuten die besten Werte erzielt hat. Der im unteren Teil des Kolbenschaftes vielfach vorgesehene Hilfsring (Bild 50) hat in Vergleichsversuchen keine verbessernde Wirkung gezeigt. Dieser Hilfsring hat ebenso wie die Ölbohrungen (Bild 74 b) nur bedingten Wert. Wenn nämlich übergroßes Kolbenspiel durch Unrundwerden der Zylinder u. dgl. vorgesehen werden muß, verliert die Ölschicht am Kolbenschaft ihren Halt und damit ihre Tragfähigkeit. Der Hilfsring bremst in solchen Fällen die Ölströmung, beruhigt die Ölschicht und verbessert damit den Schmierzustand des Kolbens. Daher gibt es erfahrungsgemäß Fälle, bei welchen der Hilfsring und zugleich die oberhalb angebrachten Ölbohrungen günstig sind.

Kolbenspiel.

Das Kolbenspiel ist abhängig von den Betriebstemperaturen im Kolben und Zylinder, der Ausdehnung des Kolben- und Zylinderstoffes durch Wärme, der Rundsteifigkeit der Kolben und Zylinder.

Von diesen 6 Einflußgrößen ist nur die Wärmeausdehnung der Baustoffe konstant, während die übrigen von der Bauart der Motoren abhängig und veränderlich sind.

Bild 75.
Lineare Wärmeausdehnung der Kolbenbaustoffe.
(Leichtmetalle, Gußeisen.)

β = Zunahme der Längeneinheit bei je 1^0 Temperaturerhöhung.

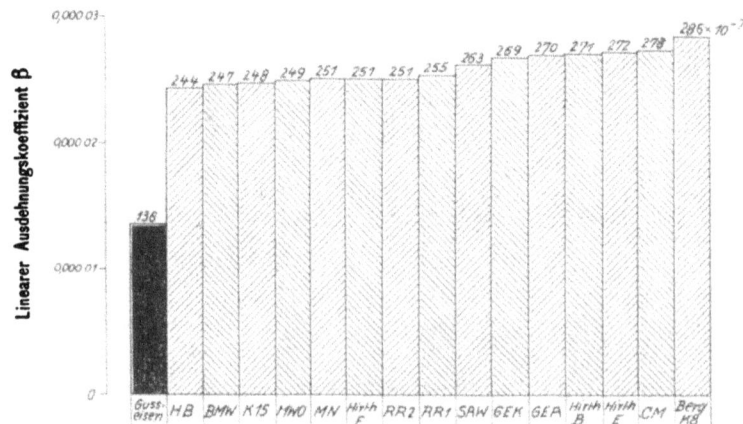

Die lineare Ausdehnung durch Wärme ist für die Baustoffe aller untersuchten Kolben ermittelt worden und in Bild 75 dargestellt. Hiernach betragen die Ausdehnungskoeffizienten der Leichtmetalle 244×10^{-7} bis 286×10^{-7} gegenüber 136×10^{-7} des Gußeisens. Die Leichtmetalle dehnen sich also bei gleicher Temperatursteigerung ungefähr doppelt so stark aus als Gußeisen. Zwischen Ausdehnungskoeffizient β_g und β_l, Kolbenschafttemperatur t_g und t_l und Kolbenspiel s_g und s_l des Gußeisens bzw. Leichtmetalls besteht unter der Annahme, daß alle Kolben ein gleichgroßes Laufspiel s_b in der betriebswarmen Maschine haben müssen, die Beziehung:

$$s_b = s_g - \beta_g\, t_g\, D \text{ für Gußeisen und analog}$$
$$s_b = s_l - \beta_l\, t_l\, D \text{ für die Leichtmetalle.}$$

Mit $\beta_l = 2\beta_g$ gemäß den Werten in Bild 75 ist das Kolbenspiel der Leichtmetalle: $s_l = s_g + \beta_g\, D\,(2t_l - t_g)$.

Leichtmetall- und Gußeisenkolben erfordern dasselbe Kolbenspiel $(s_l = s_g)$, wenn die Schafttemperatur t_l des ersteren halb so groß ist wie die Schafttemperatur t_g des Gußeisenkolbens.

Bild 76.

Kolbenspiel

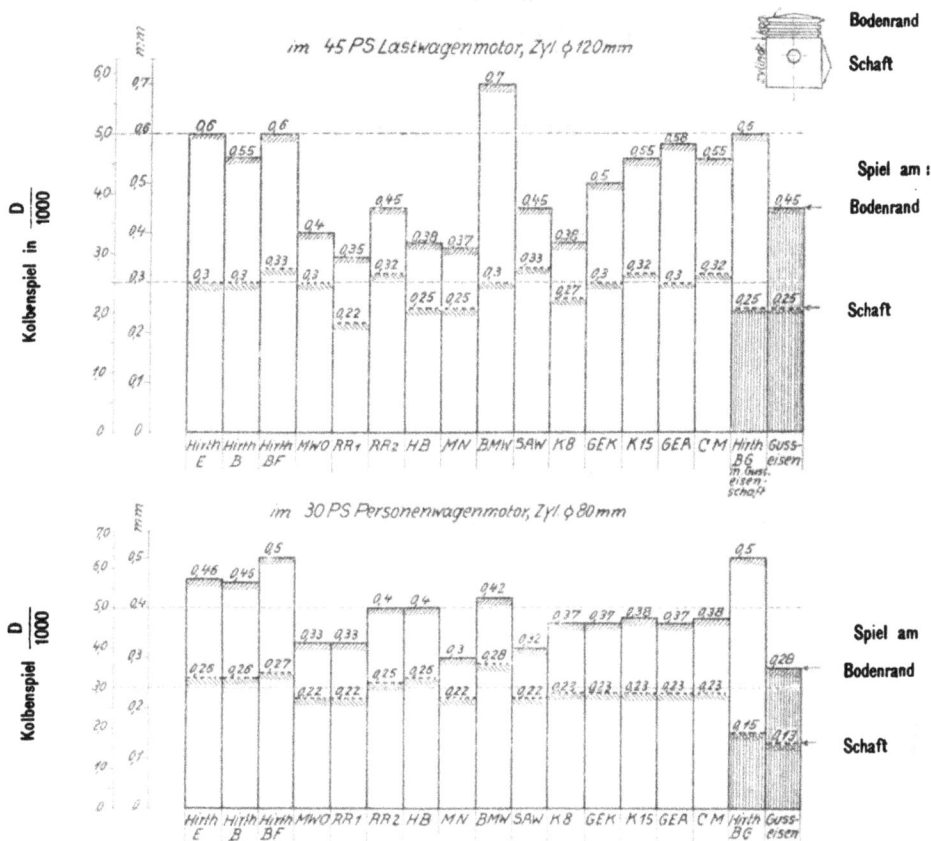

Das für unempfindlichen Kolbenlauf erforderliche Kolbenspiel ist bei allen untersuchten Kolben sorgfältig festgestellt worden. Bild 76 zeigt die im Lastwagenmotor und Personenwagenmotor ermittelten Werte. Der geschliffene z y l i n d r i s c h e Schaft mit k o n i s c h e r Verjüngung des genuteten, die Dichtungsringe tragenden oberen Teiles des Schaftes war am günstigsten.

Die A l u m i n i u m k u p f e r -, S i l u m i n - und M a g n e s i u m - k o l b e n e r f o r d e r t e n e i n h e i t l i c h e i n S p i e l v o n 0,0025 bis

0,003 D (D = Zylinderdurchmesser) im zylindrischen Teil des Schaftes und von 0,005 D am Bodenrand. Dies sind 0,3/0,6 mm im Lastwagenmotor (D = 120 ⌀) und 0,24/0,4 mm im Personenwagenmotor (D = 80 ⌀). Bei den Gußeisenkolben sind die entsprechenden Werte 0,25/0,45 mm bzw. 0,13/0,28 mm, oder 0,0016—0,0021 D im zyl. Schaft und 0,0036 D am Bodenrand. Die Leichtmetallkolben erfordern demnach durchschnittlich nur 50 % mehr Spiel als die Gußeisenkolben.

Bilder 77 und 78.

Aluminiumkolben Hirth B F mit getrenntem Schaft

für

45-PS-Lastwagenmotor. 30-PS-Personenwagenmotor.

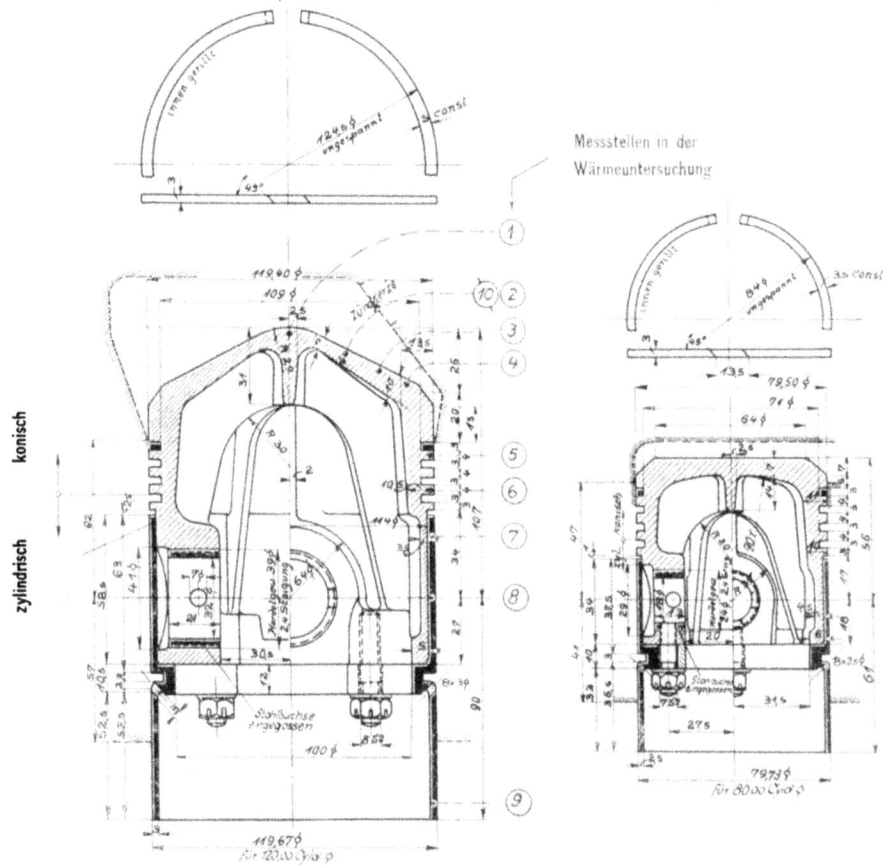

Unter den Aluminiumkolben war eine Kolbenbauart mit getrenntem, an den Kolbenkopf angeschraubtem Schaft (Bilder 77 und 78) vertreten, und zwar war der Schaft auswechselbar aus Aluminium (Bezeichnung des Kolbens „Hirth BF") und aus Gußeisen (Bezeichnung des Kolben „Hirth B Gußeisen") hergestellt. Das für diese Kolben ermittelte Kolbenspiel ist von besonderem Interesse, weil zahlreiche neuere Kolbenkonstruktionen in dieser Richtung entwickelt sind und diesen Kolben besondere Vorteile hinsichtlich des Spieles zugeschrieben werden. Wie aus Bild 76, Seite 89, ersichtlich ist, hat der Lastwagenkolben mit Aluminiumschaft 0,33 mm gleich 0,0025 D und 0,6 mm = 0,005 D Spiel im zyl. Schaft bzw. am Bodenrand, also gleichgroßes Spiel wie die übrigen Leichtmetall- kolben erfordert. Der geteilte Kolben des Personenwagenmotors zeigt dasselbe Ergebnis. Der Kolben Hirth B Gußeisen muste im gußeisernen Schaft mit dem Spiel des gußeisernen Kolbens, am Bodenrand mit dem Spiel der Leichtmetallkolben versehen werden.

Die Betriebswerte (Leistung, Brennstoffverbrauch usw.) des geteilten Kolbens Hirth BF mit Aluminiumschaft sind annähernd gleichwertig mit den Werten des Aluminiumkolbens Hirth B. Der Kolben mit gußeisernem Schaft hat die Mittelwerte der untersuchten Aluminiumkolben erreicht.

Für den geteilten Kolben konnten also keine besonderen Vorteile nachgewiesen werden. Die Verminderung des Kolbenspieles setzt nach der eingangs dieses Abschnittes angestellten Überlegung möglichst niedrige Betriebstemperaturen des Kolbenschaftes voraus. Diese lassen sich nur durch intensivste Zylinderschaftkühlung und ungehinderten Wärmeübergang vom Kolbenschaft zur Zylinderwand noch weiter senken. Dagegen sind alle Kolbenbauarten verfehlt, bei welchen der Wärmeabfluß aus dem Kolbenboden durch die Sonderausbildung des Kolbenschaftes behindert ist.

Die Lagerung des Kolbenbolzens.

Die Kolben werden nicht allein t h e r m i s c h sondern auch d y n a - m i s c h aufs höchste beansprucht. Die Verbrennungsdrücke der Treibladung müssen vom Kolben aufgenommen und an die Schubstange weitergeleitet werden, und der Kolbenschaft muß die Führung des Schubstangenkopfes übernehmen. Die Verbrennungsdrücke und Massenkräfte wirken mit hoher Wechselzahl auf das Verbindungsglied zwischen Kolben und Schubstange, den Kolbenbolzen.

Mittelgroße Kolben (z. B. 80 ∅) werden bereits mit 1500 kg Verbrennungsdruck belastet, und die auf den Kolbenbolzen wirkenden Kräfte wechseln ihre Richtung 80 mal in der Sekunde bei den gebräuchlichen Betriebsdrehzahlen. Die Lagerung des Kolbenbolzens muß diesen Beanspruchungen gewachsen und außerdem so durchgebildet sein, daß Formänderungen des Kolbenschaftes weder durch die Bolzenkräfte noch durch die wechselnden Betriebstemperaturen verursacht werden. Nach den Erfahrungen bei gußeisernen Kolben werden diese Forderungen von durchgehend z y l i n d r i s c h e n Kolbenbolzen am besten erfüllt. Für die Lagerung des zylindrischen Kolbenbolzens im Kolben bzw. Schubstangenkopf sind folgende Arten gebräuchlich:

1. F e s t s i t z d e s B o l z e n s i n d e n K o l b e n a u g e n u n d L a u f s i t z i m S c h u b s t a n g e n k o p f.

Der Bolzen ist durch Sicherungsschraube oder Klemmkonen (Bild 20, Seite 39) gegen Verdrehen und seitliche Verschiebung gesichert und hält die beiden Kolbenaugen in bestimmtem Abstande zueinander fest.

2. L a u f s i t z d e s B o l z e n s i n d e n K o l b e n a u g e n u n d i m S c h u b s t a n g e n k o p f.

Der Kolbenbolzen ist frei drehbar und achsial verschiebbar. Die achsiale Bewegungsfreiheit ist durch stirnseitig in die Kolbenaugen eingespannte Drahtringsicherungen (Bild 20, Seite 39) oder durch Futterscheiben („Pilze") aus Weichmetall (Bronze, Aluminium, Elektron) begrenzt. Diese Pilze sind auf den beiden Enden des Kolbenbolzens aufgesetzt und gleiten bei seitlichen Verschiebungen des Kolbenbolzens auf der Zylinderwand. Der doppelte Laufsitz des Kolbenbolzens hat den Vorteil erhöhter Betriebssicherheit des Bolzenlaufs, verdoppelt aber das Lagerspiel zwischen dem Kolben und der Schubstange und neigt zum Ausschlagen der Lager. Um dies zu verhüten, gibt man dem einen der beiden Laufsitze geringeres Spiel (leichten Schiebesitz).

3. L a u f s i t z d e s B o l z e n s i n d e n K o l b e n a u g e n u n d F e s t - s i t z i m S c h u b s t a n g e n k o p f.

Der Kolbenbolzen ist durch eine Klemmschraube mit dem Schubstangenkopf fest verbunden und dadurch gleichzeitig achsial festgehalten.

Bei den unter 2 und 3 gekennzeichneten Arten der Bolzenlagerung können die Kolbenaugen den Formveränderungen des Kolbenschaftes zwanglos folgen.

Die Ausdehnung durch Wärme ist bei den Leichtmetallen durchschnittlich doppelt so groß wie bei Gußeisen und Stahl (Bild 75, Seite 88). Der in einen Leichtmetallkolben fest eingespannte Stahlbolzen wirkt deshalb bei der Erwärmung des Kolbens im Betriebe wie ein Spannschloß. Der Kolbenschaft kann sich in Richtung der Bolzenachse nur wenig ausdehnen und muß daher im Durchmesser quer zur Bolzenachse sehr stark wachsen. Leichtmetallkolben mit fester Bolzenlagerung in den Kolbenaugen erfordern deshalb großes Kolbenspiel und sind im Kolbenlauf sehr empfindlich. Solche Kolben werden schon beim Einbau stark unrund und verziehen sich im Kolbenschaft bis zu 0,1 mm.

Für Leichtmetallkolben sind nur diejenigen Kolbenbolzenlagerungen verwendbar, bei welchen die Kolbenaugen den Formänderungen des Kolbenschaftes zwanglos folgen können und nicht durch den Kolbenbolzen eingespannt sind. Die vorstehend unter 1 gekennzeichnete Lagerungsart erfüllt diese Bedingung nicht und scheidet für Leichtmetallkolben aus.

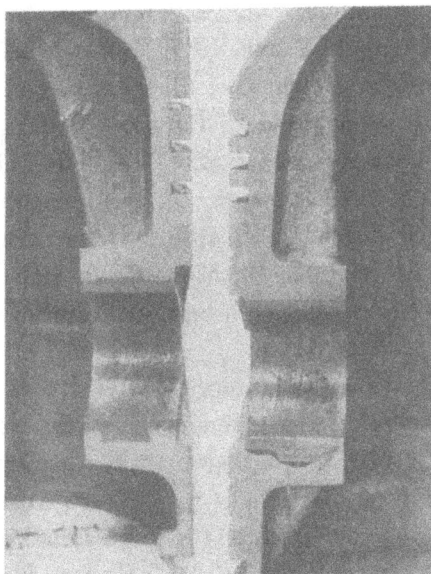

Bild 79.

Schnitt durch eingegossene Büchsen in Aluminiumkolben.

Die hohe dynamische Beanspruchung der Kolben ist am schwierigsten in den Kolbenaugen beherrschbar. Erfahrungsgemäß sind in gußeisernen Kolbenaugen Flächenpressungen bis 200 kg/cm² zulässig. Wird dieser Wert überschritten, so schlagen sich die Bolzenaugen in kurzer Betriebszeit aus. Dieser Übelstand ist bei den gußeisernen Kolben erst beseitigt worden, als man stärkere Kolbenbolzen verwendete und dadurch die Flächenpressungen herabsetzte.

Die Leichtmetalle sind verhältnismäßig weich und erreichen bisher nur ²/₃ der Härte des Gußeisens (Bild 48, Seite 69). Ihre Widerstandsfähigkeit gegen hohe Druckbeanspruchung ist dementsprechend wesentlich geringer. Lagert man den Kolbenbolzen unmittelbar im Leichtmetall und behält die bei Gußeisen übliche Flächenpressung bei, so lockert sich der Bolzen in kurzer Betriebszeit, und durch den Bolzenschlag in den Kolbenaugen schlagen sich ebenfalls die Ringnuten aus.

Eine unerläßliche Voraussetzung für die Haltbarkeit der Leichtmetallkolben ist deshalb eine sorgfältig durchgebildete Bolzenlagerung, bei welcher das Bolzenauge entweder für hohe Flächenbelastung ausreichend widerstandsfähig gemacht wird oder aber der geringeren Härte des Leichtmetalls entsprechend niedriger beansprucht wird.

Der erstere Weg ist gegenwärtig der gebräuchlichste. In die Bolzenaugen werden Büchsen aus Stahl oder Bronze eingegossen oder eingepreßt (Bilder 68 bis 71 u. 79).

Die Büchsen müssen s e h r s t a r k bemessen und tunlichst durch Bunde verstärkt werden. Dünne Büchsen dehnen sich und werden durch den eintretenden Bolzenschlag locker. Die eingegossenen Büchsen müssen blasenfrei vom Leichtmetall umgeben sein. Wie Bild 79 zeigt, ist besonders im mittleren Teil der Augen Neigung zu Blasenbildung an der Büchse vorhanden. Solche fehlerhaft eingegossenen Büchsen lockern sich bald im Betrieb, ohne daß sich die Ursache nachträglich feststellen läßt.

Werden die Büchsen nicht eingegossen, sondern eingepreßt, so entstehen erhebliche Mehrkosten durch die Bearbeitung der Augenbohrungen und der Büchsen. Die Sitzflächen der Büchsen lassen sich aber auf einwandfreie Materialbeschaffenheit nachprüfen und auch durch Walzen u. dgl. mechanisch härten.

Die Anwendung eingegossener oder eingepreßter Büchsen zur Erzielung höherer Widerstandsfähigkeit der Kolbenaugen ist ein Notbehelf. Die natürlichste und haltbarste Lösung ist die Lagerung des Kolbenbolzens u n - m i t t e l b a r i m L e i c h t m e t a l l u n t e r V e r m i n d e r u n g d e r F l ä c h e n p r e s s u n g e n i m B o l z e n s i t z . Die Druckbeanspruchung im Bolzensitz läßt sich auf verschiedene Weise auf den durch die Härte des Leichtmetalls begrenzten Wert herabsetzen. Das nächstliegende ist die Verwendung stärkerer Kolbenbolzen im Zusammenhang mit der auf Seite 92 unter 3. gekennzeichneten Lagerungsart. Bei dieser kann der den Kolbenbolzen fest einklemmende Schubstangenkopf sehr kurz gehalten und die Länge der Kolbenaugen entsprechend vergrößert werden. Man kann auf diese Weise die Druckbeanspruchung in den Augen der Leichtmetallkolben gegenüber Gußeisen im Verhältnis der Härtezahlen vermindern.

Gelingt es aber, die Härte der Leichtmetalle noch wesentlich zu steigern, so wird zugleich die Haltbarkeit der Bolzenlagerung bedeutend erhöht, der Kolbenlauf verbessert und das Ausschlagen der Ringnutenflanken in erhöhtem Maße verhütet.

Die H ä r t e s t e i g e r u n g ist die wichtigste metallurgische und metalltechnische Aufgabe, um den Leichtmetallen alle Eigenschaften eines sehr hochwertigen Kolbenbaustoffes zu verleihen. Kolbenform und Gestaltung müssen den Eigenschaften der Baustoffe angepaßt werden, um die Vorteile des Leichtmetalls motortechnisch voll ausnützen zu können.

Die nachgewiesene sprunghafte Vervollkommnung der Leichtmotoren durch Verwendung von Leichtmetallkolben ist der Vorbote eines bedeutenden technischen Fortschritts, welcher durch die Veredelung und Nutzanwendung der Leichtmetalle ausgelöst werden wird.

Auf dem Gebiete des Kraftfahrzeug- und Leichtmotorenbaues ist mit der Lösung des Kolbenproblems die Verbesserung des ganzen Motors auf das innigste verknüpft. Damit gehen wir den richtigen und kürzesten Weg, um die Wirtschaftlichkeit, die Verkehrsleistungen und fahrtechnische Qualität der Kraftfahrzeuge sprunghaft zu steigern.

Anhang.

Preisverteilung
im Wettbewerb für Leichtmetallkolben.

Im Kolbenwettbewerb waren vom Reichsverkehrsministerium vier Preise für die 4 besten Kolben ausgesetzt.

Das Preisgericht des Wettbewerbs hat sich in der Bewertung der Kolben streng an die Versuchsergebnisse gehalten und eine Gesamtwertung für alle Kolben ermittelt, welche auf den prozentualen Unterschieden in den Einzelwerten der Leichtmetallkolben gegenüber den Werten mit gußeisernen Kolben aufgebaut ist und summarisch folgende Einzelwerte umfaßt:

	Wertzahl
1. Gewichtsverminderung der Kolben des Last- und Personenwagenmotors	$\frac{1}{2}$
2. Leistungssteigerung mit den Kolben des Last- und Personenwagenmotors	1
3. Brennstofferparnis mit den Kolben des Last- und Personenwagenmotors	1
4. Abnahme der Abgastemperatur der Kolben des Last- und Personenwagenmotors	$\frac{1}{4}$
5. Abnahme der Kühlwasserwärme der Kolben des Last- und Personenwagenmotors	$\frac{1}{4}$
6. Unterschiede in der Kugeldruckhärte der Kolbenbaustoffe	$\frac{1}{2}$
7. Unterschiede in der Wärmeausdehnung der Kolbenbaustoffe	$\frac{1}{4}$

Die in der Wertung zusammengefaßten 7 Einzelwerte sind ihrer verschiedenen Bedeutung entsprechend gegeneinander abgestuft, und mit ihrem vollen, halben und viertel Wert entsprechend den vorstehend beigefügten Wertzahlen, 1, $\frac{1}{2}$, $\frac{1}{4}$ addiert worden. Die so erhaltenen Summen sind die prozentualen Gesamtverbesserungen durch die einzelnen Leichtmetallkolben gegenüber den gußeisernen Kolben.

Auf Grund dieser Gesamtwertung sind die ausgesetzten Preise folgenden Kolbensorten zugeteilt worden:

Elektronkolben GEK . . .   I. Preis
Aluminiumkolben Hirth B .   II. Preis
Aluminiumkolben Hirth E . III. Preis
Elektronkolben GEA . . . IV. Preis

Bemerkenswert ist, daß sich diese Reihenfolge mit anderen Wertzahlen für die Summierung der einzelnen Versuchsergebnisse nur in den Nachstellen ändert. Selbst wenn man nur die Leistungssteigerung und Brennstoffersparnis bewertet und alle anderen Vorteile, wie Gewichtsverminderung usw. ganz vernachlässigt, bleibt der Elektronkolben GEK mit erheblichem Vorsprung an erster Stelle. Im letzteren Falle folgt neben Hirth B die Kolbensorte R R 1 an zweiter Stelle. Dieses Ergebnis ist für den engen Zusammenhang der Betriebswirtschaftlichkeit mit den thermischen Eigenschaften der Leichtmetalle sehr interessant und kennzeichnend. Nach dem Ergebnis der Wärmeuntersuchung (Bild 42, Seite 62) waren nämlich die thermischen Eigenschaften bei Elektron GEK am besten und bei der Aluminiumlegierung RR1 nur unbedeutend geringer. Die letztere Legierung verliert aber motortechnisch durch ihre unzureichende Laufeigenschaft.

Druck von H. S. Hermann & Co., Berlin SW 19, Beuthstr. 8.

www.ingramcontent.com/pod-product-compliance
Lightning Source LLC
Chambersburg PA
CBHW081432190326
41458CB00020B/6176